Uhren

PATEK PHILIPPE & CIE
GENEVA SWITZERLAND

WISSENSWERTES · SPORT · TECHNIK

Uhren

Ein Handbuch für Uhrenliebhaber und Sammler

Paolo De Vecchi • Alberto Uglietti

VERLEGT BEI
KAISER

Titel des italienischen Originals: »Orologi da Polso«
Einzig berechtigte Übertragung aus dem Italienischen:
Mag. Walter Wurzer
Fachlich redigiert: Anton Kreuzer

Redaktion: Valeria Camaschella
Bildredaktion: Centro Iconografico dell'Istituto Geografico De Agostini
Bildnachweis: Antiquorum, Genf; Archive des Hauses der Uhren;
Archivio Orologi – Le Misure del Tempo; Archiv Sothis Editrice S.r.l.; H. Crott, Mannheim;
Enrico Suà Ummarino; Roberto Sorrentino; Dario Tassa
Herausgegeben von Studio Booksystem, Novara

Seite 2: Die dort abgebildete Patek Philippe ist ein exzellentes Beispiel für einen Chronometer mit Schleppzeiger (Näheres dazu auf Seite 177).

Deutsche Erstausgabe

Neuauflage: 2004
E-Mail: office@kaiserverlag.com
Homepage: www.kaiserverlag.com

Einbandgestaltung: Volkmar Reiter
Satz: Context Type & Sign Pink, St. Veit/Glan
Gesamtherstellung: Gorenjski Tisk, Kranj – Slowenien

Inhaltsverzeichnis

Einführung

Die Mechanik der Zeit

UHREN UND DIE GESELLSCHAFT

Wie bei allen bedeutenden Erfindungen steht auch die Entwicklung der Uhr nicht nur mit einzelnen Personen in Zusammenhang. Es handelt sich vielmehr um das gemeinsame Ergebnis verschiedenster Bemühungen, in denen sich Fantasie, wissenschaftliche Forschung, technisches Geschick und künstlerisches Design vereinen und zu einem in der Geschichte der Menschheit beispiellosen Resultat geführt haben. Die Uhr verkörpert wie keine andere, noch so außergewöhnliche Erfindung – sei es die Dampflokomotive oder der elektrische Strom – das Sinnbild der modernen Zeit. Dies gilt zumindest für die westliche, industrielle Zivilisation. Ihre Auswirkungen auf die Gesellschaft lassen sich nur mit den bedeutenden Errungenschaften auf dem Gebiet der Informatik und Kybernetik des 21. Jahrhunderts vergleichen. In der Geschichte steht sie auf einer Ebene mit der Erfindung der beweglichen Lettern für den Buchdruck.

Mit dem Auftreten der Uhr hat sich die Welt für den Menschen geändert. Sie repräsentiert nämlich einen der grundlegenden Parameter der menschlichen Existenz – die Zeit. Erst durch das exakte und genaue Messen dieser abstrakten, unveränderlichen Einheit haben sich für die Gesellschaft neue Welten und Aktivitäten eröffnet. Ohne ihre präzise Einteilung wäre das Entstehen eines städtisches Lebens, wie es heute in der westlichen Welt als selbstverständlich gilt, undenkbar gewesen. Die Uhr »ist nämlich nicht nur eine Maschine, die den Verlauf der Stunden anzeigt, sondern ein Instrument zur Vereinbarung der menschlichen Tätigkeiten« (Lewis Mumford, *Technik und Zivilisation*).

An diesem Punkt ist jedoch zu betonen, dass hier ausschließlich von der mechanischen Uhr gesprochen wird, »die stets an der Spitze gestanden ist, da sie eine Perfektion erreicht hat, nach der sich alle anderen Maschinen orientiert haben« *(idem)*. Das Werk einer Uhr stellt nämlich ein unabhängiges System dar.

Abbildung aus der Encyclopédie de Diderot et d'Alembert *aus dem Jahre 1765, welche die Mechanik einer Uhr zeigt.*

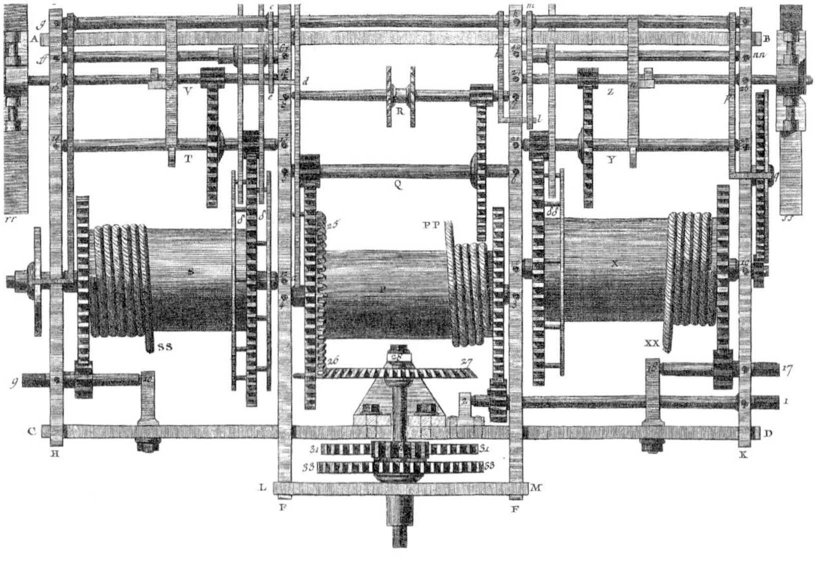

Fig. 38. B.

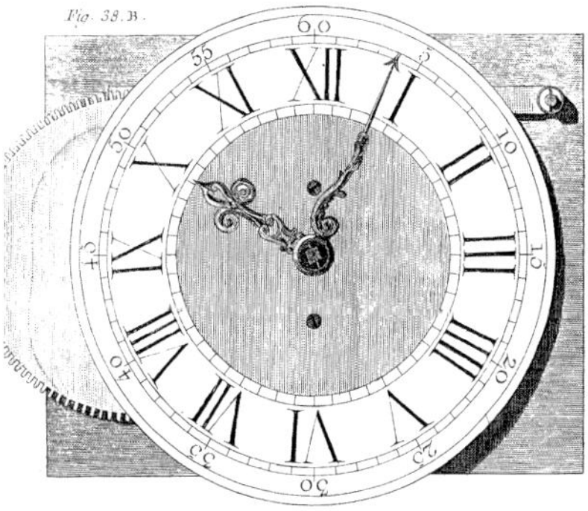

Auch wenn sie Energie zum Aufziehen benötigt, unterscheidet sie sich deutlich von den Zeitmessern vor ihrer Zeit, wie der Sonnenuhr oder der Sanduhr. Diese waren nämlich absolut abhängig vom Licht oder dem ständigen Rieseln des Sandes. Diese epochale Wende, an der sämtliche hochstehenden Kulturen beteiligt waren, ereignete sich in der ersten Hälfte des letzten Jahrtausends in Europa. Damals ermöglichten die Turmuhren erstmals eine optische (durch die großen Zifferblätter) wie auch akustische Wahrnehmung (durch verschiedenste Glocken) der Zeit. Auf diese Weise besaßen die kirchlichen oder zivilen Autoritäten ein wirksames Mittel, um die Zeit und den Ablauf des Tages zu steuern. Gleichzeitig entwickelte sich auch allmählich das Gefühl, einer Gemeinschaft anzugehören.

Zwei weitere Abbildungen aus der Encyclopédie. *Links eine Pendeluhr von Rivaz. Unten die Teile einer Uhr mit Wecker, Äquationsuhr mit konzentrischen Sekunden und Anzeige der Monate.*

Das ist jedoch nicht der einzige Aspekt, der auf einen engen Zusammenhang zwischen dem Messen der Zeit und dem Entstehen einer soziokulturellen Gesellschaft im Westen hinweist. Die Mechanik einer Uhr, die von selbst läuft, liefert nämlich ein enormes Potenzial für technologische Entwicklungen, die ständigen Innovationen unterworfen sind. Von diesen stellen die Errungenschaften auf dem Gebiet der Miniaturisierung der Mechanismen (welche zur Entwicklung der Armbanduhr führten) klarerweise einen interessanteren Aspekt dar als die Präzision selbst. Auf diese Weise entstand schließlich die »tragbare« Uhr – zuerst zur privaten Verwendung innerhalb der eigenen vier Wände oder am Arbeitsplatz und dann als persönliches Accessoire. Aber das ist schon die Geschichte des 20. Jahrhunderts.

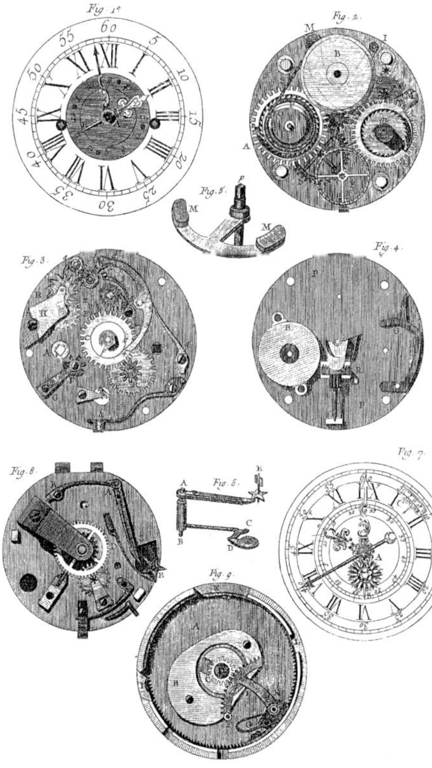

In diesem Fall besteht ein sehr enger Zusammenhang zwischen einem bestimmten Zeitverständnis und unserer Zivilisation. Die Tradition der Uhrenindustrie stellt für Innovationen auf diesem Gebiet eine notwendige und entsprechende Voraussetzung dar. Aber erst die technologischen Entwicklungen liefern jene Elemente, um die Zeit, in der wir leben, besser interpretieren zu können. Die mechanische Uhr wiederum ermöglicht es zum ersten Mal, das Prinzip der »Pünktlichkeit« verstehen zu können. Diese ist jedoch sehr subjektiv im Vergleich zur Objektivität der »Präzision«. Als Folge entsteht eine Art aktive »Regelung der Zeit«, die Hand in Hand mit dem passiven »Gehorsam gegenüber der Zeit« einhergeht. Im Mittelalter und der Renaissance konnten die Menschen »pünktlich« sein, wenn sie durch die öffentlichen Uhren zu einer Versammlung gerufen wurden. Es blieb aber unserer modernen Zeit vorbehalten, mit der tragbaren Uhr auch den Begriff einer »persönlichen Zeit« einzuführen. Der Wunsch nach Pünktlichkeit kann nur im Inneren des Menschen entstehen und – in Gemeinschaft mit anderen Personen – begünstigte dies die Entstehung einer Zivilisation, welche dem Verlauf der Zeit ebenso wie der Leistungsfähigkeit und dem Erfolg große Bedeutung beimisst.

Eine Abbildung aus der Encyclopédie, *auf der alle mechanischen Teile einer Uhr zum privaten Gebrauch zu sehen sind.*

In Wirklichkeit gab es bereits seit jeher einen perfekten Zeitmesser. Es war dies die Natur, die mit ihren Zyklen die Existenz des Universums und damit der Menschheit garantierte. Die Entwicklung einer Zivilisation wie der unseren, mit ihrem hohen Niveau der Wissenschaft und Technik, erforderte jedoch das Entstehen eines künstlichen Zeitmessers. Die durch die Uhr angezeigte Zeit war gleichsam ein Eindringen in den biologischen Rhythmus des Lebens, wobei dieses Instrument die Zeit paradoxerweise erschafft anstatt sie anzuzeigen. Dabei handelt es sich offensichtlich um eine Art von Zeit, die als »künstlich« bezeichnet werden kann, wie übrigens auch jenes Instrument, welches die Zeit mitteilt, eine künstliche Entwicklung darstellt. Knapp ein Jahrtausend zuvor (in kosmischen Zusammenhängen gesehen mit Sonne und Mond als Uhren) galt der natürliche Zyklus der Jahreszeiten als jener Zeitmesser, den die Erfindungen des Menschen (von den Astrolabien bis zu den Sonnenuhren) in irgendeiner Weise darzustellen versuchten.

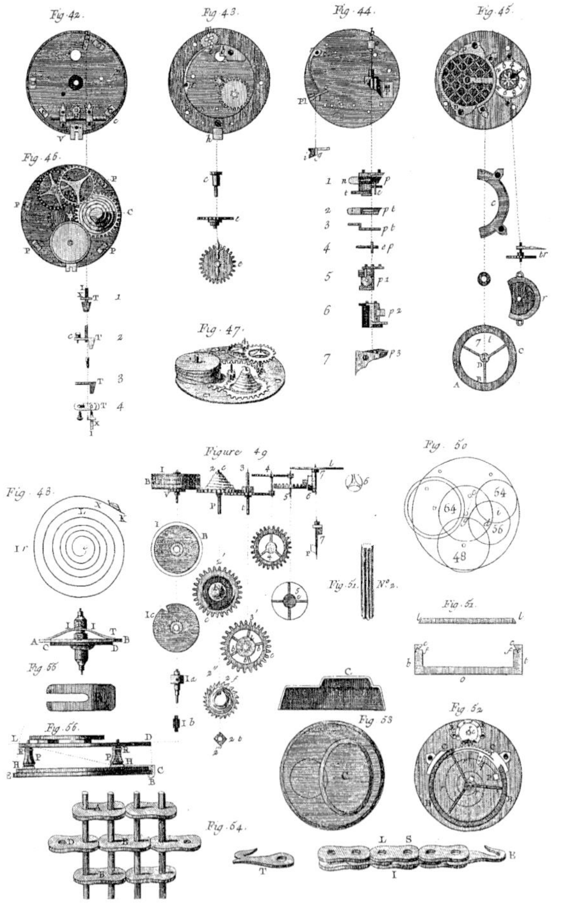

In der Folge hat die Entwicklung auf dem Gebiet der Mechanik unsere Wahrnehmung der Zeit vollkommen revolutioniert, da sie seither zu einem »Produkt« der Uhr geworden ist, eine absolut künstliche und funktionelle Einheit der modernen Industriegesellschaft. Für die Zukunft sind dabei noch größere Steigerungen geplant, da die theoretische Analyse elektronische Messungen im Bereich Nanosekunden (10^{-9}) oder die Pikosekunden (10^{-12}) verlangt, welche sich das menschliche Gehirn in ihrer Kürze gar nicht mehr vorzustellen vermag.

EIN JAHRTAUSEND UHRMACHERKUNST

Aber gehen wir einen Schritt zurück. Nach übereinstimmender Meinung aller Forscher war es die so genannte »Schlaguhr«, die am Beginn der mechanischen Uhrmacherkunst gestanden ist. Diese Instrumente wurden bereits vor dem Jahre 1000 in den Klöstern und Abteien in ganz Europa verwendet, um auf akustische Weise auf einer Glocke die verschiedenen Phasen des Gebetes und der Arbeit anzuzeigen. *Ora et labora* – dieser berühmte Wahlspruch der Benediktiner – bestimmte den Tagesablauf der Mönche. Es handelte sich jedoch dabei eher um ein Verkünden der Zeit als um eine Uhr, genauso wie bei den Sand- oder Sonnenuhren. Die außergewöhnliche Leistung dieser mönchischen »Schlaguhren« bestand jedoch darin, dass diese dank einer richtigen, wenn auch äußerst primitiven Mechanik funktionierten. Um das Jahr 1000 herum setzte sich dann auch außerhalb der Klöster der Wunsch nach einem Instrument durch, um damit das zunehmend komplexere soziale Leben zu organisieren.
Aus diesem Grund entstanden zuerst die öffentlichen Uhren (Uhren zum privaten Gebrauch kamen erst später), die in entsprechender Größe an Türmen und Kirchtürmen angebracht wurden. So konnten sie auch aus großer Entfernung von den Straßen der Städte und vom Land aus gesehen und gehört werden. Die Turmuhren entsprachen zudem genau der sozialen Struktur dieser Zeit. Alles hing von den kirchlichen oder örtlichen zivilen Autoritäten ab, und deshalb war es aus praktischen wie auch symbolischen Gründen logisch, dass die Zeit von den Gebäuden der Mächtigen aus angegeben wurde. Es herrscht jedoch noch Uneinigkeit darüber, ob sich die ersten bedeutenden öffentlichen Uhren in England, Frankreich oder in Italien befanden.
Aufgrund aktueller Dokumente stellt sich für die Historiker die Reihenfolge derzeit wie folgt dar: 1258 Kathedrale von Chartres (Frankreich), 1282 Kathedrale von Exeter (England), 1286 Kathedrale Saint Paul in London, 1292 Kathedralen von Canterbury (England) und Sens (Frankreich), 1306 Kirche des hl. Eustorgius in Mailand. Zu dieser Zeit mussten sie den Menschen jedoch wie außergewöhnliche Maschinen erscheinen und man kann ruhig annehmen, dass sie das äußere Symbol der Macht einer Stadt darstellten. Sie bestanden aus einem großen Eisenkäfig und funktionierten über ein Rädergetriebe, welches mit den Zeigern und dem Schlagwerk verbunden war und durch die Zugkraft der Gewichte angetrieben wurde. Wesentlich war die »Konstanz« dieser Kraft (garantiert durch die Gravitationskraft), aber auch die Möglichkeit einen Rhythmus zu schaffen, der in einer bestimmten Weise die Einheit des Maßes darstellte (das populäre Ticktack). Zu diesem Zweck wurden die als Hemmung und Regulierorgan bezeichneten Vorrichtungen verwendet, um die ständige Bewegung durch die Antriebskraft der Gewichte in eine aussetzende Bewegung umzuwandeln. Erstaunlicherweise hat sich seit damals das Funktionsprinzip einer mechanischen Uhr praktisch nicht verändert. Die ganze Konzentration der Uhrenindustrie galt vielmehr der ständigen Verbesserung der Materialien, der schwierigen Miniaturisierung der einzelnen Teile und der Verwendung einer Metallfeder anstelle der Gewichte. Erst auf diese Weise konnten die Zifferblätter den Kirchturm »verlassen« und gelangten zuerst in die Häuser, dann in die Westentaschen und schließlich auf die Handgelenke.
Aber die »private« Verwendung der Zeit war nicht nur eine Frage der Technologie, sondern stellte auch den Beginn einer neuen Mentalität, einer direkten Folge sozialer und wirtschaftlicher Veränderungen im Europa des 15. Jahrhunderts dar. Der Wendepunkt trat mit der unaufhaltsamen Ausweitung des Begriffes »Privat« ein. Die erstmalige Möglichkeit, die Uhrzeit zu Hause, im Gasthaus oder auf öffentlichen Plätzen ablesen zu können (mehr oder weniger genau, da man damals wesentlich größere Abweichungen akzeptierte), stellte in der Tat ein Faktum historischer Tragweite dar. Nicht mehr von der »öffentlichen« Uhr abhängig zu sein oder von wissenschaftlichen Messungen von Naturphänomenen öffnete klarerweise den Weg zu einer sozialen Organisation, welche den Anfang unserer heutigen Industriegesellschaft bildete. Vom technischen Standpunkt aus betrachtet stellten die ersten Uhren nichts anderes als verkleinerte Kirchturmuhren dar. Ihre Struktur bestand nämlich aus einem nach drei Seiten hin offenen Metallkäfig, der auf der vierten Seite ein Zifferblatt aus Messing trug. Häufig be-

fand sich darauf eine Glocke, auf welcher ein Uhrhammer die vollen Stunden schlug. Die erste Produktion reicht ins Deutschland und England des 15. Jahrhunderts zurück, wo sie als »gotische« Uhren bzw. »Laternenuhren« bezeichnet wurden – in letzterem Fall bezieht sich die Bezeichnung wohl eher auf ihre Form. Sie funktionierten dank des mechanischen Antriebs der Gewichte und mussten deshalb mittels eines Hakens aufgehängt oder auf einem entsprechenden Sims aufgestellt werden.

DIE UHREN EROBERN DIE WOHNUNGEN

Der wesentliche Schritt hin zur »persönlichen« Verwendung der Zeit (auch in diesem Fall kann die Erfindung nicht einer einzigen Person zugeschrieben werden) trat jedoch ein, als der motorische Antrieb der Gewichte (wirksam, aber leider unbequem und sperrig) durch eine modernere Form der Energie ersetzt wurde. Dabei handelt es sich um eine äußerst simple Vorrichtung – eine Feder. Dieser dünne Streifen aus geschlagenem Messing (später durch gehärteten Stahl ersetzt) wird innerhalb eines entsprechenden zylindrischen Gehäuses (dem Federhaus) aufgewickelt (mittels eines Aufzugmechanismus) und führt dann dem Mechanismus die notwendige Energie zu. Durch den Wegfall der Gewichte konnten die Uhrmacher (Eisenschmiede, die über größeres Geschick und Kunstwerk verfügten als ihre Berufskollegen) mit Recht darangehen, sich mit der individuellen »Tragbarkeit« der Zeitmesser zu beschäftigen.
Diese neue Entwicklung hatte jedoch wesentlich größere Auswirkungen als bloß den einfachen und bereits üblichen »Transport« von einem Zimmer ins andere. Die älteste dokumentierte Uhr mit Federantrieb stammt aus dem Jahre 1450 (wahrscheinlich eine Umwandlung eines Modells mit Gewichten), und zwar aus Deutschland (Augsburg und Nürnberg waren die wichtigsten Produktionszent-

Das Gehäuse und das Uhrwerk einer quadratischen Tischuhr mit Repetition der Stunden und eines Modells in Dosenform mit Schlagwerk aus vergoldeter Bronze (Frankreich). Nächste Seite: Eine Simsuhr und ein kugelförmiges Hängemodell aus Messing (Deutschland, ca. 1630).

ren). Aber auch in Frankreich (Flandern und Burgund) finden sich schon früh Spuren solcher Uhren. Ihre neue Verwendung führte auch zu Neuerungen auf künstlerischem Gebiet. Neben den verkleinerten Maßen der Uhren kam es zur Entwicklung neuer Zifferblätter und dekorativer Oberflächen, die den Mechanismus komplett umgaben. Als Standorte fanden vor allem Tische, Möbel oder Kaminsimse Verwendung. Von den Formen her erfreuten sich vor allem die so genannten »Altaruhren« und »Dosenuhren« (horizontales Zifferblatt mit kreisförmiger Basis) größter Beliebtheit, aber auch Parallelepipeden mit sechseckiger oder quadratischer Basis.

Rechts: Ein Gehäuse aus vergoldeter Bronze und das Uhrwerk einer runden Tischuhr (Paris, ca. 1565).
Unten: Simsuhr aus Nusswurzelholz (Neapel, zweite Hälfte 17. Jahrhundert).
Nächste Seite: Uhr mit Gewichten und Gehäuse aus bemaltem Metall (Deutschland, ca. 1617).

Die Feder erwies sich als ideale Lösung für die Entwicklung einer tragbaren Uhr. Was jedoch in der Theorie wunderbar funktioniert, muss sich in der Praxis noch lange nicht bestätigen. Die Feder hatte nämlich den wesentlichen Nachteil, dass sie sich zu Beginn sehr schnell und gegen Ende hin immer langsamer abrollte. Dadurch war es nicht möglich, eine gleichmäßige Zufuhr an Energie zu gewährleisten. Außerdem kam noch dazu, dass zu dieser Zeit die meisten Handwerker die Materialien nicht völlig beherrschten. Dieses Problem der Spannung konnte jedoch durch die Verwendung einer Reguliervorrichtung gelöst werden (mit Hilfe der »starken Federn«). Diese wurden mit dem Federhaus verbunden und stellten so eine regelmäßige Verteilung der motorischen Kraft durch die Feder sicher.
Nachdem nun alle Probleme in Zusammenhang mit der Miniaturisierung der verschiedenen Teile gelöst waren, standen der »tragbaren« Uhr alle Möglichkeiten zum privaten Gebrauch

offen: Wertvolle Halsuhren für die Damen und Taschenuhren für die Herren. Dies bedeutete aber nicht unbedingt, dass sämtliche frühere Studien in Bezug auf die »festen« Uhren nun hinfällig wurden. Vielmehr gingen beide Formen ab einem gewissen Zeitpunkt getrennte Wege, wobei auf beiden Gebieten großartige Ergebnisse sowohl in der Technik der Zeitmessung als auch im künstlerischen Bereich erzielt wurden.

DIE PRÄZISION HÄNGT AN EINEM FADEN

In der ersten Hälfte des 17. Jahrhunderts kam es in Italien und Holland zu einigen der bedeutendsten und wichtigsten Erfindungen auf dem Weg zur (damals) höchstmöglichen Perfektion in der Uhrmacherkunst. Es handelte sich dabei um die Pendelregulierung, also der Anwendung Galileo Galileis theoretischer Studien über den Isochronismus der Schwingungen eines an einer Schnur aufgehängten Körpers in der Uhrmacherkunst. Sowohl Galilei (1637) als auch der holländische Mathematiker Christiaan Huygens (1656) beschäftigten sich – vermutlich unabhängig voneinander – damit, die symmetrische Gleichheit der Schwingungen eines Pendels für die Zeitmessung zu verwenden. Seit diesem Zeitpunkt erlaubten der Federantrieb und die Pendelregulierung anstelle der Gewichte und der Unruh-Regulierung die Ausführung einer neuen Generation von Zeitmessern, die wesentlich präziser waren als ihre Vorgänger. Die bis dahin übliche Gangabweichung von 15 bis 30 Minuten konnte so auf rund 30 Sekunden pro Tag reduziert werden. Das Pendel stand so am Beginn einer großen Reihe von neuen Tisch- und Möbeluhren, die in zahlreichen europäischen Ländern hergestellt wurden und weite Verbreitung fanden.

DIE BEDEUTUNG DER LÄNGE

Ein spezielles Kapitel bei den Studien über die Präzision betrifft die Erforschung des Längengrades. Dieses Unternehmen beschäftigte von Anfang des 17. Jahrhunderts bis zur ersten Hälfte des 18. Jahrhundert die bedeutendsten Seefahrernationen: An erster Stelle die Engländer und Spanier, dann bereits die Franzosen, Holländer, Genueser und Venezianer. Die Lösung dieses Problem war von großer Wichtigkeit, da zur Berechnung der Schiffsroute die genaue Bestimmung der Länge und Breite benötigt wurden. Das erste Maß (Position nördlich und südlich des Äquators) ließ sich relativ einfach berechnen, aber die Schwierigkeiten begannen mit der Bestimmung des Längengrades (die Position östlich oder westlich eines Bezugsmeridians). Die grundlegende Bedeutung der exak-

Marinechronometer mit Kästchen aus Mahagoni und Kardangehäuse aus Messing (London, ca. 1858). Nächste Seite: Abraham-Louis Breguet (1747 bis 1823), der geniale Erfinder und Vater der modernen Uhrmacherkunst.

ten Festlegung der Länge (in einer Zeit, als Seefahrten nicht nur der Entdeckung unbekannter Gebiete, sondern auch dem Erlangen von Reichtum und Macht galten) lässt sich leicht von der Tatsache ableiten, dass ein Abweichen von nur einem Grad vom Äquator die Schiffe über 100 km von der richtigen Route abbrachte. Die meisten hohen Seeoffiziere vertraten die Meinung, dass nur der Einsatz einer Uhr an Bord, die genau die Zeit des Bezugsmeridians im Vergleich zum gewünschten Meridian angab, eine präzise Berechnung der Länge ermöglichen würde.

Dieser packende Wettbewerb wurde schließlich von den Engländern dank der Genialität des Uhrmachers John Harrison gewonnen, der sich mit den besten Köpfen der damaligen Zeit maß (der schlüssige Beweis erfolgte gegen 1760). Zu diesen zählten unter anderen seine Landsleute Arnold und Earnshaw, der Franzose Le Roy, der Schweizer Berthoud und der Holländer Huygens. Dies erklärt auch, warum die englische Marine so mächtig wurde – ihre Schiffe waren einfach mit hervorragenden Uhren bestückt.

Die Pendelregulierung litt jedoch sehr stark unter den Schwankungen des Schiffes. Im Laufe der Zeit setzte sich als Navigationsuhr der so genannte »Marinechronometer« durch, an dessen Entwicklung in der zweiten Hälfte des 18. Jahrhunderts erneut ein englischer Uhrmacher, Sir Thomas Earnshaw, beteiligt war. Ihm verdankt die Uhrmacherkunst die Unruh-Regulierung, den springenden Sekundenzeiger, eine Anzeige für die Gangreserve und – vor allem – die Kardanische Aufhängung für das zylindrische Gehäuse aus Messing (ein widerstandsfähiges Material gegen die Korrosion). So konnte die Uhr trotz der ständigen Schlinger- und Stampfbewegungen des Schiffes stets waagrecht gehalten werden. Als Behälter für den Marinechronometer diente ein Kästchen aus Mahagoni und Messing, wobei die ursprüngliche Konzeption ständig weiter verbessert wurde. Bis zum Beginn der Satellitennavigation erwies es sich als wesentliches Instrument für die Navigation.

DAS GENIE DER UHRMACHERKUNST

Ein weiterer wesentlicher Anstoß hin zur modernen Uhrmacherkunst geht dieses Mal ausnahmsweise von einer Einzelperson aus. Es handelt sich dabei um Abraham-Louis Breguet (1747 – 1823), der als der genialste und produktivste Konstrukteur von Zeitmessern gilt. Breguet kam in Neuchâtel in der Schweiz als Sohn einer protestantischen Familie französischen Ursprungs auf die Welt und eröffnete nach seiner Lehrzeit am Hof von Versailles um 1775 eine eigene Werkstatt in Paris am Quai de l'Horloge. Sein Betrieb zählte über hundert Angestellte, unter denen sich zahlreiche erstklassige Handwerker und Wissenschafter befanden.

Als Uhrmachermeister entwickelte Abraham-Louis Breguet seinen ganz persönlichen Stil und erwarb sich einen in der Geschichte der Uhrmacherkunst einzigartigen Ruf. Diesen verdankte er vor allem der erstklassigen und außergewöhnlichen

Qualität seiner Zeitmesser, die durch gewagte mechanische Komplikationen und eine fantasievolle, wenn auch strenge und ästhetische Forschung geprägt waren, durch die sich seine Gehäuse und Zifferblätter auszeichneten. Zu seinen Kunden zählten neben den gekrönten Häuptern und Aristokraten ganz Europas auch wohlhabende Familien und hohe Beamte. Natürlich verstand es Breguet auch, die Vorteile einer solchen Kundschaft zu nützen. Neben dem Herzog von Wellington vertraute auch Napoleon ausschließlich auf Uhren von Breguet.

Die Anzahl und der Umfang seiner Erfindungen und Verbesserungen auf technischem wie auch ästhetischem Gebiet sind wirklich erstaunlich. Als Beispiel sei bloß die *»montre perpetuelle«,* die Uhr mit automatischem Aufzug, genannt. Breguet führte den Einbau von Rubinen in großem Ausmaß ein, um die Reibung der Mechanismen zu verringern. Diese Methode war zum ersten Mal von englischen Spezialisten angewendet worden. Er perfektionierte auch endgültig die Repetition, d. h. die akustische Anzeige der Stunden und der Minuten. Neben dem Ewigen Kalender, einem mechanischen Gedächtnis, das automatisch das Datum, den Tag, das Monat, das Jahr (einschließlich des Schaltjahres) und die Mondphasen anzeigt, erfand Breguet auch den Tourbillon. Diese Reguliervorrichtung der Unruh dient dazu, die Gangungenauigkeiten, die sich durch die verschiedenen Positionen im täglichen Gebrauch bei der Uhr ergaben, zu neutralisieren.

Seine Zifferblätter wiederum stechen durch ihre kunstfertigen Guillochierungen sowie durch eine harmonisch dezentralisierte Anordnung der Anzeigen hervor. Auch die Zeiger waren Gegenstand besonderer Studien: Sie unterschieden sich durch ihre gebohrte kreisförmige Erweiterung nahe der Spitze. Die Gehäuse stellten wahre Kostbarkeiten der Uhrmacherkunst dar und wiesen als besonderes Merkmal die am Rand angebrachten Kanellierungen auf. Alle diese Merkmale gelten auch für die meisten Armbandmodelle, da sich das Haus Breguet ein-

Oben: Taschenuhr aus Gold mit asymmetrischer Anzeige der Stunden, des gesamten Kalenders, der Mondphasen und der Gangreserve. Eine typische Produktion aus dem Haus Breguet im 19. Jahrhundert. Rechts: Ein Exemplar eines Hängemodells, ausgeführt von Breguet in emailliertem Gold, Anfang 19. Jahrhundert.

fach seinem Namen und seiner Tradition verpflichtet sieht.

DIE UHR REIST MIT DER KUTSCHE

In Zusammenhang mit dem Namen Breguet sollte man auch eine weitere interessante Kategorie nicht vergessen, die ihren ganz eigenen Platz auf dem sehr weiten Gebiet der Zeitmesser gefunden hat. Aufgrund einer merkwürdigen Gewohnheit bezeichnen Sammler und Uhrenhändler diese besondere Art als »Offiziersuhren« oder »Reiseuhren«, auch wenn ihr Betrieb die Verwendung einer Unruh und nicht einer Pendelregulierung vorsah.
Auch ihnen liegt eine geniale Idee Breguets zugrunde, der damit eine neue und sehr nützliche Art von Zeitmesser erfunden hat. Sie bestach vor allem durch ihre Transportfähigkeit (in entsprechend gepolsterten Behältern) und ihre geringe Größe, war aber dennoch mit allen technischen Vorzügen (verschiedenen Glockentönen, 8-Tage-Uhrwerk, Wecker) der größeren und ausgeklügelten Stehuhren versehen. Die Ausführung erfolgte stets in vergoldetem Messing mit Glas an den Seiten, die einen Blick auf den Mechanismus ermöglichten. Als Form für diese Pendulen verwendete man im Allgemeinen ein kubisches oder rundes Gehäuse, das mit einem Griff für den Transport versehen war. Ihre Beliebtheit soll auch darauf zurückzuführen sein, dass der französische Offiziersstab diese Uhren während der napoleonischen Kriege in großer Zahl verwendete.
Es gab jedoch bereits zuvor Zeitmesser für die Reise, die sich jedoch in ihren Merkmalen und ihrer Verwendung völlig von den Reiseuhren unterscheiden. Ihre Bezeichnung als »Kutschenuhren« oder »Karossenuhren« könnte leicht auf eine ausschließliche Verwendung auf Reisen von Edelleuten und hohen Geistlichen schließen lassen. Angesichts der Reisebedingungen früherer Jahrhunderte dürfte dies aber eher unwahrscheinlich sein. Ihre Form entsprach direkt der einer Taschenuhr, sie verfügte aber über ein größeres Gehäuse und bestand aus bearbeitetem Silber. Der Name ergibt sich wahrscheinlich dadurch, dass diese Uhren

Oben: Reiseuhr »Officier« aus vergoldeter Bronze mit täglichem Aufzug und freier Repetition der Stunden und Viertelstunden mit Schnuraufzug (Schweiz, Ende des 18. Jahrhunderts).
Links: Taschenuhr aus Silber mit Läutfunktion (Paris, ca. 1675).

Oben: Goldene Taschenuhr mit Komplikationen von Audemars Piguet.
Rechts: Ein weiteres Modell aus Gold und Email. Beide stammen aus der Schweiz um die Mitte des 19. Jahrhunderts.

leicht in entsprechenden Kästchen aus Holz oder wertvollem Leder befördert werden konnten. Aufgrund ihres dekorativen Äußeren und ihrer verschiedenen Läutfunktionen konnten sie von Edelleuten auf ihren Reisen benützt werden.

Links: Ein klassisches Beispiel einer »Sackuhr«, einer Taschenuhr aus vergoldetem Metall im Stile Louis XIV., Paris um 1700.

TASCHENUHR

Das 19. Jahrhundert ist vom endgültigen Durchbruch der Taschenuhren gekennzeichnet, die dann zu den Armbanduhren überleiten, jener außergewöhnlichen Neuheit des 20. Jahrhunderts. Es dürfte kein bloßer Zufall gewesen sein, dass zu Beginn Taschenuhren einfach am linken Handgelenk befestigt wurden. Die Taschenuhren entwickelten sich zu einer Zeit, als Zeitmesser bereits weit verbreitet waren. Erstens erwiesen sie sich als immer notwendiger für den Alltag und zweitens bestanden bereits richtige industrielle Manufakturen, die große Mengen zu sehr unterschiedlichen Preisen herstellen konnten. Die aus einem elitären Wettstreit hervorgegangene Uhr wechselte nun ihre Produktionsstätten. England, Frankreich Deutschland und Italien wurden zugunsten der USA und vor allem der Schweiz

zurückgedrängt. Letztere bestach insbesondere durch die Qualität und Quantität ihrer Uhren und vermochte ihre Position noch mehr zu stärken, als die Taschenuhren endgültig durch die Armbanduhren abgelöst wurden.
Diese Wende bedeutete auch den Beginn jener Marken, die heute noch den Markt beherrschen. Bestimmte Uhrenhersteller konnten sich aber auch den geänderten Umständen anpassen, wie dies etwa bei Vacheron & Constantin der Fall war. Diese 1755 in Genf gegründete älteste Uhrenmanufaktur der Welt kann auf eine bis zum heutigen Tage ununterbrochene Tätigkeit zurückblicken.

Der Weg von der Taschenuhr zur Armbanduhr für Damen und Herren in einer Gesellschaft, die sich vehement der »Modernität« verschrieben hatte, bestand jedoch aus einer langen Reihe technischer und stilistischer Innovationen. Eine der wichtigsten Erfindungen stellte dabei die Aufzugskrone dar, die untrennbar mit dem Namen Patek Philippe verbunden ist, einem weiteren bedeutenden Unternehmen in der Geschichte der Schweizer Uhrmacherkunst. Dieser maßgebliche Schritt nach vorne fand in der zweiten Hälfte des 19. Jahrhunderts statt und besiegelte endgültig das Ende des Schlüsselaufzugs. Gleichzeitig läutete sie auch die nächste und große Revolution ein – nämlich die der Armbanduhren. Diese neue Art wurde den Menschen in einer gewissen Weise durch den neuen und dynamischen Lebensstil des 20. Jahrhunderts aufgezwungen – oder zumindest durch ihn begünstigt. Dabei darf auch der direkte Einfluss der Mode nicht unterschätzt werden, die gerade zu dieser Zeit neuen Schwung in die Bekleidungsindustrie brachte und die veralteten Zöpfe wegfegte.

EINE FRAGE DES HANDGELENKS

Das beginnende 20. Jahrhundert konfrontierte die Menschen mit gewaltigen Veränderungen und Neuerungen. Züge, Flugzeuge und Automobile prägten die Epoche, und Transatlantikreisen

waren der letzte Schrei. Taschenuhren zählten plötzlich nur noch als Antiquitäten. Die Armbanduhr trat an ihre Stelle, wobei es sich lohnt, die Dynamik, die zu dieser epochalen Änderung geführt hat, näher zu betrachten. Über die Entstehungsgeschichte kursieren zwar einige Theorien, auch wenn keine davon als sicher und endgültig gelten kann.
So soll am Beginn dieser Erfolgsstory ein unbekanntes Kindermädchen stehen, das es bequemer fand, die Uhr mit einem Band am Handgelenk zu befestigen als sie an einem langen Band am Hals zu tragen. Eine andere These hingegen besagt, dass einige Offiziere den Uhrmacher Girard-Perregaux (aber auch Omega und Eberhard) mit einer solchen Entwicklung beauftragten. Der moderne Krieg erlaubte es nämlich nicht, in den Taschen umständlich nach diesem unentbehrlichen Zeitinstrument zu suchen. Bei einer am Handgelenk angebrachten Uhr hingegen genügte ein rascher Blick.
Aber auch der Name Louis Cartier fehlt bei dieser Diskussion nicht. Berichten zufolge soll um 1910 ein Freund, der Flugpionier Alberto Santos-Dumont, eine elegante Uhr verlangt haben, die bequem zu handhaben sei. Welche von diesen Hypothesen auch immer stimmt, eine Sache zeigen sie alle deutlich auf – die notwendige Voraussetzung für den Erfolg der Armbanduhr ist neben ihrer Bedeutung als Schmuckstück auch in dem Konzept der »Funktionalität« zu suchen.

Ein Werbeplakat von Longines aus dem Jahre 1930, das die »Modernität« der Armbanduhr unterstreicht.
Vorige Seite oben: Eine als Einzelstück von Ferdinand Berthoud 1753 ausgeführte Uhr mit einem Gehäuse aus Gold, Stil Louis XV., Äquation mit konzentrischen Sekunden und Anzeige der Monate.
Vorige Seite Mitte und unten: Künstlerische Details sowie der Mechanismus einer Armbanduhr.

Rechts: Audemars Piguet, komplizierte Armbanduhr aus dem Jahre 1940.
Unten: Calatrava von Patek Philippe (1930).

Interessanterweise war jedoch die erste historisch dokumentierte Armbanduhr ein Damenmodell: Sie stammt aus dem Jahre 1868 und wurde von der polnischen Gräfin Kocevicz bei Patek Philippe in Auftrag gegeben. Sie hatte die Form eines Armbandes aus Gold und Diamanten und verfügte über ein Zifferblatt, das sich unter einem Deckel verbarg. Dieses meisterlich ausgeführte Schmuckstück – von der Verarbeitung der Metalle und Edelsteine bis zur Emaillierung und Ziselierung – stellte das Ergebnis einer jahrhundertelangen Tradition der Uhrmacherkunst auf dem Gebiet der Taschenuhren dar.
Der Weg hin zu einer entsprechend praktischen wie auch eleganten Armbanduhr war jedoch noch äußerst beschwerlich. Es genügte nämlich nicht, die Aufzugskrone von 12 Uhr auf 3 Uhr zu verschieben (einschließlich der beiden Metallstege für das Armband), um aus einer Taschenuhr eine Armbanduhr zu machen.
Vielmehr sahen sich die bedeutendsten Schweizer Uhrenfabrikanten damit beschäftigt, ständig an neuen technischen und stilistischen Innovationen zu arbeiten. Erneut gebührt dabei Cartier der Ruhm, mit seinen beiden Modellen Santos und Tank (um 1920) und deren eckigem Design einen weiteren Durchbruch geschaft zu haben. Diese Modelle werden noch heute hergestellt und gelten als die »Urform« der »Formuhren«.
Mit seiner epochalen Reverso (1931) ließ sich Jaeger-LeCoultre das Wendegehäuse als Schutz für das Zifferblatt patentieren. Zuvor bereits hatte diese Manufaktur 1929 mit einer ex-

tremen Miniaturisierung des Uhrwerkes Duo Plan (ein Gramm Gewicht bei einer Größe von 4,85 mal 14 mm), der idealen Lösung für die Herstellung raffinierter Uhrschmuckstücke, die Fachwelt in Staunen versetzt.
Patek Philippe wiederum unterstrich mit der Eleganz seines Modells Calatrava (1932), die sich sofort zu einem Klassiker entwickelte, die aristokratische Note des Hauses. Nur einige Jahrzehnte nach der Firmengründung brachte Rolex die erste Version der Oyster auf den Markt (1926) und machte sich damit einen Namen als sportliche Avantgarde-Marke. Die Oyster bestach vor allem durch ihr wasserdichtes Gehäuse, eine bis zu diesem Zeitpunkt nicht für möglich gehaltene Leistung. Gemeinsam mit der Perfektionierung des automatischen Aufzugs (das System Perpetual mit dem zentralen Rotor aus dem Jahre 1931 (im Gegensatz zu den Erfindungen von Harwood, Rolls und Wig-Wag) war dies ein Meilenstein auf dem Gebiet der »Modernität«.

Oben: Cartier Tank. Links: Reverso von Jaeger-LeCoultre (1931).

Neue »Komplikationen« bei den Armbanduhren gab es am laufenden Band. Diese waren bei den Taschenuhren bereits seit dem 19. Jahrhundert in Verwendung gewesen. Nach der Jahrhundertmitte standen extraflache Herren- und Damenmodelle im Blickpunkt. Es sind dies auch die Jahre der Weltraumforschung mit der Cosmonaute von Breitling und der Speedmaster von Omega, offizielle Uhren der NASA und der russischen Kosmonauten.
Utopie wurde auch sonst Realität. Es kamen die ersten elektrischen Uhren in den USA auf den Markt. Die Ventura von Hamilton mit dem asymmetrischen Gehäuse, die Accutron von Bulova mit einem Zifferblatt, das den Blick auf die Schaltkreise ermöglichte, sowie die Pulsar von Hamilton mit ihrer gewölbten Form und ihrem digitalen Zifferblatt. Nach 1970 wendet sich jedoch das Blatt: Die neue Quarztechnik und die aufstrebende Wirtschaftsmacht Japan bringen die Schweizer Uhrenindustrie

schwer in Bedrängnis. Diese kann sich erst 1983 wieder erholen, wobei der Aufschwung eng mit dem Namen Swatch zusammenhängt (einem Akronym für Swiss und Watch). Dieses Unternehmen schafft es mit einem völlig neuen Design und einer hoch entwickelten Produktionstechnik dem Verständnis für das Sammeln von Uhren eine ganz neue Wendung zu geben.
Für die Zukunft erwartet man Armbanduhren, die als Informationsterminal fungieren und gleichzeitig ein mobiles Telefon, eine Datenbank, einen Personal Computer oder ein Navigationsinstrument in sich vereinen. Dies heißt jedoch nicht, dass kontinuierliche technische und künstlerische Überlegungen nach der Art der herkömmlichen Uhrmacherkunst nicht mehr gefragt sind.
Ein interessantes Beispiel in dieser Hinsicht stellt die Taschenuhr Calipso 89 von Patek Philippe dar, die anlässlich des 150-jährigen Bestandsjubiläums auf den Markt gebracht wurde. Sie ist die komplexeste Uhr, die es derzeit gibt und vereinigt klassische Mechanismen mit den Mitteln modernster Technologien.

Oben: Oyster, die Taucheruhr von Rolex mit dem Perpetual Sea-Dweller aus dem Jahre 1980. Rechts: Speedmaster von Omega aus dem Jahre 1957.

Berühmte Firmen

A. Lange & Söhne

Gründungsjahr **1868**
Gründer **Ferdinand Adolph Lange**
Ort **Glashütte, Deutschland**

GESCHICHTE: Sie war Deutschlands feinste Uhrenmarke. Nach 1945 folgte eine lange Zeit erzwungener Untätigkeit aufgrund der schwierigen sozialen und wirtschaftlichen Umstände im damaligen Ostdeutschland. Der Neubeginn im Jahre 1990, der vor allem von den Vorstandsmitgliedern des Mannesmann-Konzerns (dem eigentlichen Geldgeber) betrieben wurde, erfolgte Hand in Hand mit der Wiederentdeckung der mechanischen Armbanduhr nach dem Höhenflug der Quarzuhren die Aufnahme der Produktion von luxuriösen Armbanduhren mit Räderwerk und verschiedenen Zusatzeinrichtungen.

BEKANNTE MODELLE: Lange 1, Langematik, Tourbillon pour le Mérite.

MERKMALE: Die Produktion besteht zur Gänze aus hochwertigen Uhren mit ausschließlich mechanischen Werken und einem traditionellen Design.

Audemars Piguet

Gründungsjahr **1875**
Gründer **Jules Audemars und Edward Piguet**
Ort **Le Brassus, Schweiz**

GESCHICHTE: Dieses von Anfang seines Bestehens an auf die Erzeugung komplizierter Uhren spezialisierte Unternehmen nahm mit seinen Meisterstücken der Dekorationskunst, des Kunstgewerbes und den feinen Werken erfolgreich an großen Ausstellungen teil. Die Tradition einer außergewöhnlichen Mechanik blieb auch beim Übergang zu den Armbanduhren erhalten. Um 1970 schuf Audemars Piguet mit der Royal Oak ein sehr bekanntes Leader-Modell. Diese von Gérald Genta konzipierte Uhr mit ihrer typischen achteckigen Lünette stellt ein Meisterwerk moderner Uhrmacherkunst dar.

BEKANNTE MODELLE: Grande Sonnerie, Minutenrepetition John Shaeffer, Star Wheel, Royal Oak.

MERKMALE: Große Auswahl, mechanische Komplikationen, Spezialitäten mit superflachen Werken.

Breguet

Gründungsjahr **1775**
Gründer **Abraham-Louis Breguet**
Ort **Paris, Frankreich**

GESCHICHTE: Man würde mehr als ein Buch benötigen, um die Bedeutung von Breguet für die Geschichte der Uhrmacherkunst zu beschreiben. Er wird als das größte Genie und der bedeutendste Erfinder aller Zeiten angesehen, der der Uhrmacherei neue Wege wies. Abraham-Louis Breguet hat mit seinen künstlerischen Studien (der Breguet-Zeiger und die »Guillochierung« sind nur zwei Beispiele von vielen) sowie technischen Entwicklungen (die Verwendung der Rubine, des Ewigen Kalenders und des automatischen Aufzugs, vor allem aber des Tourbillons) in der Tat die Uhrmacherkunst grundlegend beeinflusst. Diese großartige Tradition wird vom gleichnamigen Haus weitergeführt.

BEKANNTE MODELLE: Type XX, Zeitgleichung, Ewiger Kalender, Tourbillon.

MERKMALE: Abgesehen von den speziell für den militärischen Bereich gefertigten Modellen stellen alle Breguet-Uhren ein leuchtendes Beispiel stilistischer und mechanischer Gediegenheit und Klassik dar.

BREITLING

Gründungsjahr **1884**
Gründer **Leon Breitling**
Ort **Saint-Imier, Schweiz**

GESCHICHTE: Die Marke Breitling brachte es zu einem hohen Bekanntheitsgrad. Seit 1940 hat sich das Unternehmen u. a. einen Namen als Lieferant für die englischen und amerikanischen Streitkräfte gemacht. Der Schwerpunkt liegt auf der Herstellung von Chronographen und Sportuhren.

BEKANNTE MODELLE: Aerospace, Chronomat, Navitimer.

MERKMALE: Starke Betonung des Chronographen und die Entwicklung einer Reihe von Zusatzfunktionen. Interessant die Aerospace mit einem kombinierten analogen und digitalen Zifferblatt.

BULGARI

Gründungsjahr **1884**
Gründer **Sotirio Bulgari**
Ort **Rom, Italien**

GESCHICHTE: Auch wenn es bereits frühe Ansätze gab, beginnt der eigentliche Aufstieg dieses italienischen Nobeljuweliers in der Welt der Zeitmesser erst 1980 und ist ausschließlich der Person Paolo Bulgari zu verdanken.

BEKANNTE MODELLE: Bulgari-Bulgari, Quadrato, Anfiteatro, Serpente.

MERKMALE: Das Design dieser Uhren orientiert sich an der Tradition des griechisch-römischen Klassizismus und sucht sie neu zu interpretieren. Manche Kollektionen bestechen durch ihre Verbindung mit Schmuckstücken.

CARTIER

Gründungsjahr **1847**
Gründer **Louis-François Cartier**
Ort **Paris, Frankreich**

GESCHICHTE: Cartier hat sich nicht nur mit Möbelpendulen und außergewöhnlich eleganten Taschenuhren, sondern auch mit seinen feinen und kostbaren Armbanduhren einen Namen gemacht. Das Modell Santos (Herrenarmbanduhr in Carré-Form) geht auf das Jahr 1911 zurück. Einen weiteren Meilenstein bedeutet das Jahr 1919 mit dem Modell Tank. Bekannt sind auch die zahlreichen stilistischen Ergebnisse auf dem Gebiet der Tonneauform, zu den jüngeren Entwicklungen zählt das sportliche Luxusmodell Pasha aus dem Jahre 1985.

BEKANNTE MODELLE: Santos, Tank, Chronograph Tortue, Vendôme, Pasha.

MERKMALE: Cartier hat wesentlichen Anteil an der Eroberung des Armbanduhrenmarktes. Mit mehreren Modellen wurde Uhrengeschichte geschrieben.

EBERHARD

Gründungsjahr **1887**
Gründer **Georges Emile Eberhard**
Ort **La Chaux-de-Fonds, Schweiz**

GESCHICHTE: Die Schweizer Firma entwickelte sich zu einem bekannten Chronographenhersteller. Ab 1919 kamen immer wieder neue Modelle auf den Markt. Dieser Erfolg führte dazu, dass Eberhard Ende des 19. Jahrhunderts zum Offiziellen Lieferanten der Königlichen Marine Italiens wurde.

BEKANNTE MODELLE: Chronograph Extra-fort, Aviograf, Tazio Nuvolari.

MERKMALE: Trotz einer eher breit gefächerten Produktion dominiert als gemeinsamer Nenner die sportliche Note, die bei den Marinemodellen, den Fliegermodellen, aber auch bei den eng mit dem Automobilsport verbundenen Chronographen den Blickfang bildet.

GIRARD-PERREGAUX

Gründungsjahr **1791**
Gründer **Jean François Bautte**
Ort **La Chaux-de-Fonds, Schweiz**

GESCHICHTE: Die derzeitige Firmenbezeichnung stammt aus dem Jahre 1856, als die Ära des Uhrmachermeisters und Gründers Bautte zu Ende ging und ein weiterer Meister des Faches, Constant Girard, den Betrieb übernahm. Dieser war mit Marie Perregaux verheiratet. Girard-Perregaux erregte mit seiner inzwischen legendär gewordenen Tourbillon-Taschenuhr mit den drei massiven goldenen Brücken Aufsehen. 1991 kam dieses Modell in verkleinerter Form als Armbanduhr auf den Markt. Heute ist das Haus vor allem für seine mechanischen Uhren und Chronographen bekannt.

BEKANNTE MODELLE: Tourbillon Sous Trois Ponts d'Or, Ewiger Elektronischer Kalender 1970, Laureato, Pour Ferrari.

MERKMALE: Die Manufaktur Girard-Perregaux setzt auf eine breit gefächerte Produktion: klassische Eleganz, technologische Spezialitäten und sportliche Uhren (Automobilsport).

IWC

Gründungsjahr **1868**
Gründer **Florentine Ariosto Jones**
Ort **Schaffhausen, Schweiz**

GESCHICHTE: Die Abkürzung bedeutet International Watch Company, eine englische Bezeichnung, die auf dem Gebiet der Schweizer Uhrmacherkunst einmalig ist. Die Gründe für diese Namensgebung liegen in der amerikanischen Herkunft des Gründers, einem Ingenieur aus Boston. In Sammlerkreisen spricht man oft nur von der Schaffhausen, wenn eine IWC gemeint ist. Die große Fliegeruhr aus der Zeit vor dem Zweiten Weltkrieg ist ein gefragtes Modell. Auch mit den späteren Fliegeruhren machte sich die Manufaktur einen Namen. Spitzenleistungen stellten in jüngster Zeit die Spitfire Mark XV, die Destriere (Armbanduhr mit den meisten Komplikationen) und die Da Vinci mit dem legendären Kalendermechanismus dar.

BEKANNTE MODELLE: Mark (alle Serienmodelle), Ingenieur, Da Vinci, Portugiesischer Automatik.

MERKMALE: Markantes Design und extreme Funktionalität bei den professionellen Uhren; Eleganz bei den klassischen Modellen, die häufig Komplikationen aufweisen.

Jaeger-LeCoultre

Gründungsjahr **1833**
Gründer **Charles-Antoine LeCoultre**
Ort **Le Sentier, Schweiz**

GESCHICHTE: Der Firmenname stammt aus dem Jahre 1925 und geht auf die Zusammenarbeit zwischen dem von Antoine LeCoultre gegründeten Betrieb und dem französischen Uhrmachermeister Edmont Jaeger zurück. In dieser Zeit beschritt die Manufaktur neue kreative Wege und erreichte bereits 1931 mit der Reverso einen ersten Höhepunkt. Dieses Meisterstück der Uhrmacherkunst mit Wendegehäuse hat durch seine stilistischen und technischen Innovationen für Aufsehen gesorgt. Es folgten in diesem Zusammenhang Herrenmodelle mit vielen Komplikationen sowie die Damenmodelle mit besonders kleinen Räderwerken. Ein Damenkaliber wog nur ein einziges Gramm. Unter Sammlern sehr bekannt ist der Armbandwecker von 1951.

BEKANNTE MODELLE: Reverso, Duoplan, Futurematic, Memovox.

MERKMALE: Der Name Jaeger-LeCoultre steht seit jeher für intensive Forschungen auf dem Gebiet der Uhrmacherei, die schöne Ergebnisse zeitigte und der Marke bis in unsere Tage zu einem hervorragenden Ruf verhalf.

Longines

Gründungsjahr **1867**
Gründer **Ernest Francillon**
Ort **Saint-Imier, Schweiz**

GESCHICHTE: Der Name leitet sich von einer Ortschaft in der Nähe von Saint-Imier – Les Longines – ab, wo die erste Werkstatt dieser Manufaktur stand, die zu einem Symbol für Swiss Made wurde. Die Marke erfreute sich großer Beliebtheit, war bestens bekannt und weit verbreitet. Chronometer von Longines zeichneten u.a. für die offizielle Zeitmessung bei den Olympischen Spielen von 1952 bis 1980 verantwortlich. Zuvor fanden Uhren aus diesem Haus bereits bei wissenschaftlichen Forschungsreisen wie der Nordpolexpedition von Amadeus von Savoyen (1899) oder dem ersten Transatlantikflug von Charles Lindbergh (1927) Verwendung.

BEKANNTE MODELLE: Nostalgiekollektion (Chronograph mit einem Drücker, Lindbergh), Weems, Comet.

MERKMALE: Außergewöhnlicher Qualitätsstandard, den Kunden und Sammler zu schätzen wissen.

Omega

Gründungsjahr **1848**
Gründer **Louis Brandt**
Ort **La Chaux-de-Fonds, Schweiz**

GESCHICHTE: Eine der bekanntesten Uhrenmarken. Die Industriellenfamilie Brandt besaß um 1890 die größte Kleinuhrenfabrik der Schweiz und vollbrachte großartige technische Leistungen auf dem Gebiet der Ganggenauigkeit. Bei den Präzisionswettbewerben für Armbanduhren ab 1940 stellte Omega mit dem Kaliber 30 immer wieder Rekorde auf. Der Armbandchronograph Speedmaster Professional kam als offizieller Zeitmesser der amerikanischen Astronauten bei den Missionen Mercury und Apollo zum Einsatz. Meilensteine der Uhrenproduktion bei Omega bildeten dann der elektronische Marinechronometer für das Handgelenk (1974), die extrem flache Quarzuhr Dinosaure (1980), die Seamaster-Multifunktion (1988) usw.

BEKANNTE MODELLE: Marine, Constellation, Speedmaster, Seamaster.

MERKMALE: Viele technische Neuerungen, große Produktpalette, derzeit kleine, aber edle Kollektionen, exklusive Modelle.

PATEK PHILIPPE

Gründungsjahr **1839**
Gründer **Antoine Norbert de Patek und François Czapek**
Ort **Genf, Schweiz**

GESCHICHTE: Zu Beginn hieß der Betrieb »Patek, Czapek & Cie«. Dann trat 1845 Adrien Philippe in das Unternehmen ein und die Firmenbezeichnung wurde 1851 in »Patek Philippe & Cie« geändert. Seit damals blieb der Name bestehen und heute gilt dieses Haus als vornehmste Adresse unter den Herstellern von Armbanduhren. Aufzeichnungen deuten darauf hin, dass von Patek Philippe das erste Exemplar einer Armbanduhr, ein Damenmodell aus dem Jahre 1868, stammt. Seit 1920 bringt Patek Philippe immer wieder außergewöhnliche Armbanduhren auf den Markt: Von den typischen Art-Déco-Uhren über die eleganten Serien der 40er- und 50er-Jahre bis zum Klassiker Nautilus des Stilisten Gérald Genta um 1970 spannt sich der Bogen exklusiver und technisch anspruchsvoller Kreationen mit vielen komplizierten Zusatzfunktionen.

BEKANNTE MODELLE: Calatrava, Ewiger Kalender (alle Serien), Chronograph mit Ewigem Kalender (alle Serien), Nautilus.

MERKMALE: Klassische Uhrmacherkunst vom Feinsten. Patek Philippe ist seit Generationen die Nobelmarke schlechthin.

PIAGET

Gründungsjahr **1874**
Gründer **Georges Piaget**
Ort **La Cote-aux-Fées, Schweiz**

GESCHICHTE: Piaget kann sich rühmen, der Hersteller der teuersten Schmuckuhren zu sein. Die Zeit nach 1956 war durch ultraflache Modelle gekennzeichnet. Mit ihnen nahm die Manufaktur in der Branche eine Spitzenposition ein.

BEKANNTE MODELLE: Extraflache Schmuckuhren.

MERKMALE: Piaget hat es verstanden, seinem traditionellen technischen Wissen unerhörte Kreativität hinzuzufügen.

ROLEX

Gründungsjahr **1908**
Gründer **Hans Wilsdorf**
Ort **Genf, Schweiz**

GESCHICHTE: 1926 kam mit der Oyster die erste absolut wasserdichte Uhr auf den Markt, und 1931 erfolgte die Einführung des automatischen Aufzugs, Perpetual genannt. Diese beiden Faktoren haben die Armbanduhren zu einem zuverlässigen und modernen Instrument gemacht. Der weltweite Erfolg der Rolex ist seit Jahrzehnten ungebrochen.

BEKANNTE MODELLE: Prince, Ovetto, Explorer, Daytona.

MERKMALE: Die technischen Errungenschaften auf dem Gebiet der Dichtheit und des automatischen Aufzugs der Rolexuhren haben entschieden zum sportlichen Image dieser Marke beigetragen, die sich zu einem Statussymbol entwickelt hat.

Swatch

Gründungsjahr **1983**
Gründer **Nicolas G. Hajek**
Ort **Biel, Schweiz**

GESCHICHTE: Die Marke kann von sich behaupten, zu den weltweit bekanntesten Uhren zu zählen. Die Grundlage für diesen Erfolg bildet eine geniale Mischung aus Technologie, großer Serienproduktion und kreativem Design. Der Erfolg der Swatch hat auch dazu beigetragen, dass ausgefallene Armbanduhren wieder boomen.

BEKANNTE MODELLE: Jelly Fish, Art Swatch, Swatch Skin, Trésor Magique.

MERKMALE: Kunststoff wird mit anderen Materialien wie Stahl, Aluminium und sogar Platin kombiniert.

Tag Heuer

Gründungsjahr **1860**
Gründer **Edouard Heuer**
Ort **Saint-Imier, Schweiz**

GESCHICHTE: Der Name dieser fast ausschließlich mit der Welt des Sports und insbesondere mit dem Automobilsport verbundenen Marke ist aus der Verbindung von Heuer mit der Gesellschaft TAG – Techniques d'Avant Garde – im Jahre 1985 hervorgegangen. Aber schon zuvor hatte sich der Schweizer Uhrenhersteller Heuer mit seinen Chronographen, die sich unter den Uhrenliebhabern größter Beliebtheit erfreuen, einen guten Namen gemacht: 1964 mit der Carrera und 1969 mit der Monaco.

BEKANNTE MODELLE: Carrera, Monaco.

MERKMALE: Die Ausrichtung auf den Sport stellt den maßgebenden Aspekt der gesamten Produktion dar. Dies betrifft auch das Design und die technische Forschung; TAG Heuer ist mit der offiziellen Zeitnehmung bei den Weltmeisterschaftsläufen der Formel 1 beauftragt.

Ulysse Nardin

Gründungsjahr **1846**
Gründer **Ulysse Nardin**
Ort **Le Locle, Schweiz**

GESCHICHTE: Die Produkte bestachen durch handwerkliches Können auf Präzision. Sie prägen die gesamte Geschichte dieses Unternehmens. Nicht umsonst kann dieses Haus auf eine lange Tradition bei der Herstellung zu Marinechronometern und Beobachtungstaschenuhren zurückblicken. In jüngster Zeit machte die Manufaktur mit außergewöhnlichen und komplizierten Uhrenschöpfungen für das Handgelenk auf sich aufmerksam.

BEKANNTE MODELLE: Chronograph Medicale, Trilogie der Zeit (Astrolabium-Tellurium-Planetarium), San Marco.

MERKMALE: Armbanduhren von Ulysse Nardin bestechen vor allem durch ihre ausgeklügelten Komplikationen.

VACHERON CONSTANTIN

VACHERON CONSTANTIN

Gründungsjahr **1755**
Gründer **Jean-Marc Vacheron und François Constantin**
Ort **Genf, Schweiz**

GESCHICHTE: Vacheron Constantin, das älteste bestehende Uhrenhaus der Welt, kann seit seiner Gründung auf eine ununterbrochene Tätigkeit zurückblicken. Das Firmenzeichen ist das Malteserkreuz. Die Nobelmarke befindet sich heute im Besitz eines arabischen Ölscheichs.

BEKANNTE MODELLE: Kallista, 222.

MERKMALE: Luxusuhren mit zum Teil sehr flachen mechanischen Werken. Die Ateliers verlassen pro Jahr nur 10.000 bis 15.000 Uhren.

ZENITH

ZENITH

Gründungsjahr **1865**
Gründer **Georges Favre-Jacot**
Ort **Le Locle, Schweiz**

GESCHICHTE: Die Manufaktur errang viele Observatoriumspreise für Ganggenauigkeit. Brachte Taschen- und Armbandchronometer auf den Markt. 1969 befand sich der erste Armbandchronograph (El Primero) mit automatischem Aufzug im Neuheitenprogramm.

BEKANNTE MODELLE: Chronograph El Primero, limitierte Armbandchronometer und Armbandchronographen

MERKMALE: Viele hochfeine mechanische Armbanduhren.

Wie funktioniert eine Armbanduhr?

DIE MECHANISCHE UHR

»Unsere eigene, persönliche Erfahrung zeigt uns, dass wir unglaublich schöne, ereignisreiche Stunden erlebt haben, wo die Zeit stehen zu bleiben scheint und wir in der Ewigkeit versunken sind. Wir kennen aber auch die langsam verstreichenden, eintönigen und zähen Stunden, die unsere Gedanken und Empfindungen quälen. Die Uhr hingegen macht uns deutlich, dass die Sekunden immer gleich lang sind, dass jeder Schlag dem nächsten gleicht.« Diese Worte führen einem sehr deutlich das Konzept der Uhr vor Augen: Ein Instrument, das »isochrone« (von gleicher zeitlicher Ausdehnung) und »periodische« (sie wiederholen sich ständig) Einheiten zu erzeugen und zu zählen vermag.
Die Uhr stellt folglich einen komplexen Mechanismus dar, der mit Hilfe einiger spezieller Teile ständig Phänomene von gleicher Dauer schafft, diese gleichzeitig zählt und dabei für die notwendige Energie sorgt, um einen ununterbrochenen Betrieb zu garantieren.
Im Laufe der Geschichte haben technische Entwicklungen auch die Welt der Uhren revolutioniert: Neue Materialien und bahnbrechende Lösungen haben dazu beigetragen, dass Qualität und Präzision der Uhren ständig verbessert wurden, ohne jedoch deren Struktur und Funktionalität zu ändern.
Die Teile einer Uhr sind im Prinzip seit Jahrhunderten unverändert geblieben.
Die Hauptelemente sind:

DAS REGULIERORGAN

bestimmt mit seinen Schwingungen das Zeitintervall von möglichst konstanter Dauer.

DAS VERTEILUNGSORGAN

hat die Aufgabe, die durch ein Rad (Hemmungsrad) erhaltene Antriebskraft in Form von Impulsen an den Regulator zu verteilen, um das Regulierorgan selbst in Betrieb zu halten und die Schwingungen in Zusammenarbeit mit dem Räderwerk zu zählen.

DAS ÜBERTRAGUNGSORGAN

überträgt die Antriebskraft auf das Hemmungsrad, zählt dabei die Anzahl der Umdrehungen und untersetzt sie, um auf dem Zifferblatt über Zeiger oder andere Formen der Anzeige von Stunden, Minuten und Sekunden sichtbar zu machen.

DAS ANTRIEBSORGAN

erzeugt die nötige Antriebskraft, damit die Uhr in Gang bleibt. Die verteilte Energie wird dabei über den Aufzug (manuell, automatisch, elektrisch) zurückerstattet.

Die Hilfsteile, die nicht im Mechanismus jeder Uhr vorhanden sind, werden in der Folge beschrieben.
Im Kapitel über die »Anatomie der Uhr« findet sich vor allem das Funktionsprinzip der mechanischen Uhr und der Quarzuhr.

Vorige Seite: Die »Explosion der Zeit«. Die Einzelteile einer automatischen Uhr.

DIE FUNKTIONSWEISE

Jene Kraft, welche den Antrieb besorgt, wird von der **Zugfeder** geliefert, die sich in einem metallischen Behälter von zylindrischer Form befindet, der **Federhaus** genannt wird. Diese Feder besteht aus einem dünnen Band (aus gehärtetem Stahl oder bei modernen Uhren aus Speziallegierungen), das in Form einer Spirale aufgewickelt ist. Ihre elastischen Eigenschaften sorgen dafür, dass die Uhr läuft.

Rechts: Federhaus mit völlig entspannter (oben) und komplett aufgezogener Zugfeder (unten).
Unten: das Räderwerk.

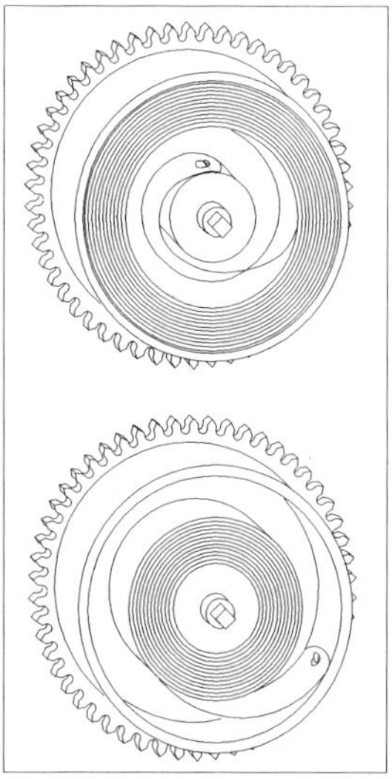

Die Feder nimmt nämlich, wenn sie deformiert wird, ihre ursprüngliche Form wieder an und gibt dabei die für ihre Deformation aufgewendete Energie ab. Diese »Verformung« – Aufziehen genannt – erfolgt mit Hilfe der **Aufzugskrone** der Uhr, die über die **Federwelle** und dem auf ihr befestigten **Sperr-Rad** die Feder spannt (falls die Uhr mit der Hand aufgezogen wird). Bei automatischen Uhren geschieht dies mittels einer speziellen Aufzugautomatik. Die 30 bis 40 cm lange, einige wenige Gramm schwere und äußerst dünne Zugfeder unterliegt sehr starken mechanischen Belastungen (die in der Vergangenheit häufig dazu geführt haben, dass die Federn brachen oder sich verformten).

Einmal aufgezogen, besitzt die Feder jene Energie, die der Mechanismus für den Antrieb benötigt. Diese Energie muss jedoch gleichmäßig und in kleinen Mengen an das Regulierorgan abgegeben werden. Zu diesem Zweck ist das Federhaus direkt mit einem Rädergetriebe (dem **Räderwerk**) verbunden, welches die Aufgabe hat, die Umdrehungen zu multiplizieren und dabei die übertragene Kraft proportional zu verringern. Dieses Werk besteht aus **vier Rädern** und **vier Trieben,** wie die nachstehende Abbildung zeigt.

Federhaus (mit dem *Aufzugsrad*)	*Minutentrieb* (auf dem der Minutenzeiger befestigt wird)
Zentralrad (oder *Minutenrad*)	*Kleinbodentrieb*
Kleinbodenrad	*Sekundentrieb* (trägt den Sekundenzeiger)
Sekundenrad	*Hemmungstrieb*
Ankerrad	

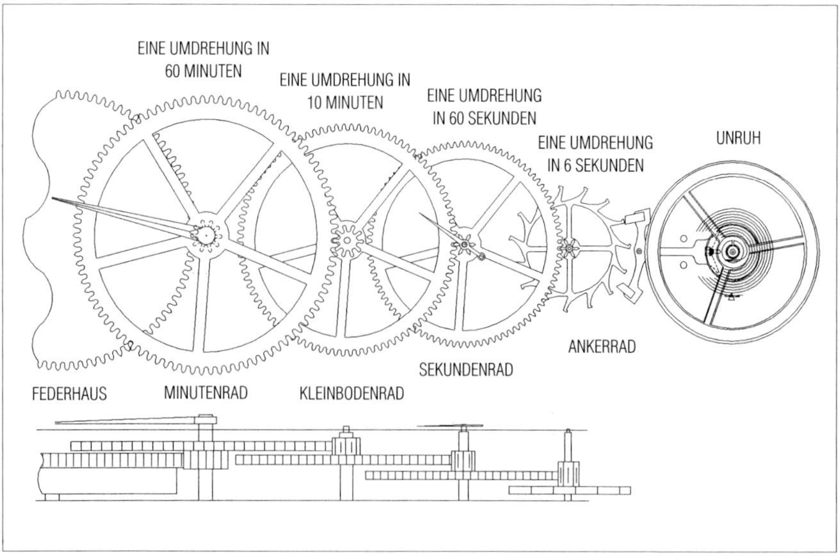

Das erste Rad des Räderwerkes (das **Aufzugsrad**) befindet sich direkt auf der Außenseite des Federhauses. Der letzte bewegliche Teil des Räderwerkes ist hingegen das **Ankerrad,** das gemeinsam mit dem Anker die Hemmung bildet, welche die Geschwindigkeit der mechanischen Uhr regelt.
Die Hemmung liefert an das Regulierorgan schrittweise und in regelmäßigen Intervallen kleine Energiemengen und zählt gleichzeitig die Anzahl der Schwingungen, die das Regulierorgan erzeugt. In der Geschichte der Uhrmacherkunst wurden Hunderte von Hemmungen erfunden. Gegenwärtig verfügen fast alle mechanischen Uhren über den **Schweizer Ankergang.** Hier befindet sich der **Anker** zwischen Ankerrad und Unruh und besteht aus der **Ankergabel,** dem **Schaft** und beiden **Armen.** Diese beiden wiederum tragen auf der Eingangs- und Ausgangsseite je eine **Palette,** die beide abwechselnd in die Verzahnung des Ankerrades eingreifen. Bei der Hemmung mit Schweizer Anker geht die von der Spiralfeder angetriebene Unruh während der Schwingungen von einer **Position der Ruhe** aus (eine Position des Gleichgewichtes, welche die Unruh dann einnimmt, wenn sie keiner Kraft ausgesetzt ist).
In diesem Moment greift der **Hebestein,** der sich auf dem **Plateau** befindet, in die Öffnung der Ankergabel ein. Die Interaktion zwischen Stein und Gabel bewirkt ein Verstellen des Ankers und in der Folge greift eine Palette auf einen Zahn des Ankerrades ein und erhält dadurch jenen Schub, um den Anker selbst in die entgegengesetzte Richtung zu drehen. Der Anker überträgt mittels des Kontaktes von Gabel und Hebestein den Impuls an die Unruh, die ihre Schwingung mit jener geringen Menge an Energie, die sie erhalten hat, in die entsprechende Richtung fortsetzt. Das typische Ticktack der mechanischen Uhr wird durch das regelmäßige Anstoßen des Zahnes des Ankerrades an die Palette des Ankers verursacht.
Das Regulierorgan besteht aus **Unruh** und **Spiralfeder.**
Die Unruh ist ein kreisförmiger Ring **(Schwingreif)**, der an einer Achse, die durch ihren Massenmittelpunkt verläuft, mittels zwei, drei oder vier **Armen** (oder **Speichen**) befestigt ist.

Oben: Die Hemmung der mechanischen Uhr. Unten: Das System Unruh – Spiralfeder.

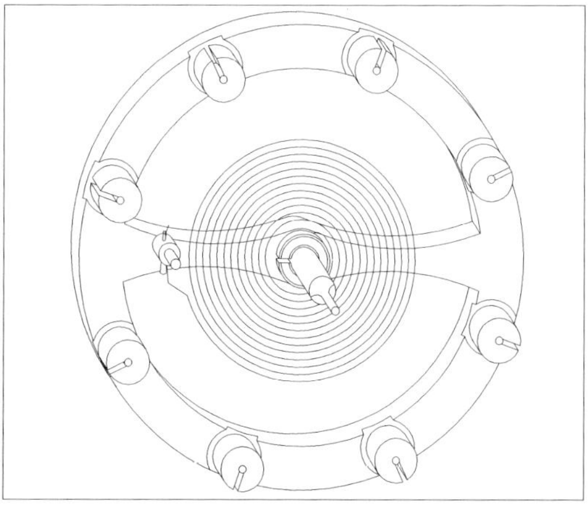

Rechts: Ansicht einer Spiralfeder und ihrer beiden Befestigungspunkte von oben und seitlich: Klötzchen (äußerer Ansteckpunkt) und Rolle (innerer Ansteckpunkt).
Unten: Die Teile, die das Räderwerk bilden (Querschnitt und Draufsicht).

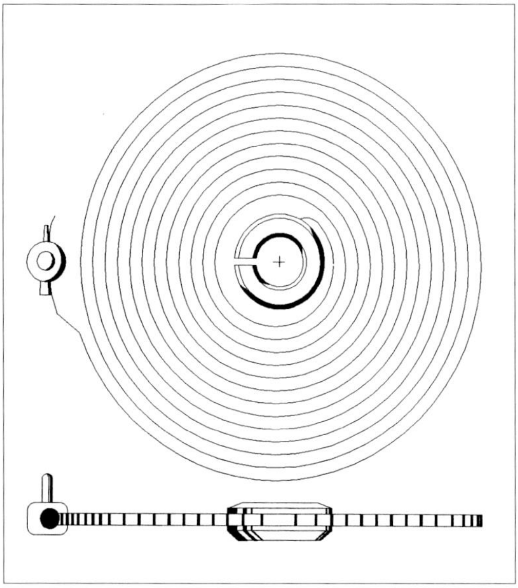

Die Spiralfeder wird heute aus dünnen antimagnetischen Legierungen gefertigt (die auf Temperaturschwankungen nicht reagieren) und in der Form einer Archimedischen Spirale aufgewickelt. Im Allgemeinen wird diese auf der Achse der Unruh mittels eines entsprechenden Metallringes befestigt, der als **Rolle** (innerer Ansteckpunkt) bezeichnet wird. Am anderen Ende erfolgt die Befestigung am **Klötzchen** (äußerer Ansteckpunkt) an der Unruhbrücke. Wenn die Unruh aus der Ruhestellung gebracht wird, übt sie auf die Spiralfeder eine Spannung aus. Diese bedingt eine Veränderung der Amplitude, die wiederum dem Rotationswinkel der Unruh entspricht. Durch die während des vorgenannten Vorgangs gespeicherte Energie kehrt sie dann in ihre Ruhestellung zurück. Die Geschwindigkeit der Unruh, die unmittelbar nach der Ruhestellung am höchsten ist, erlaubt es ihr, in die andere Richtung zu schwingen. Das

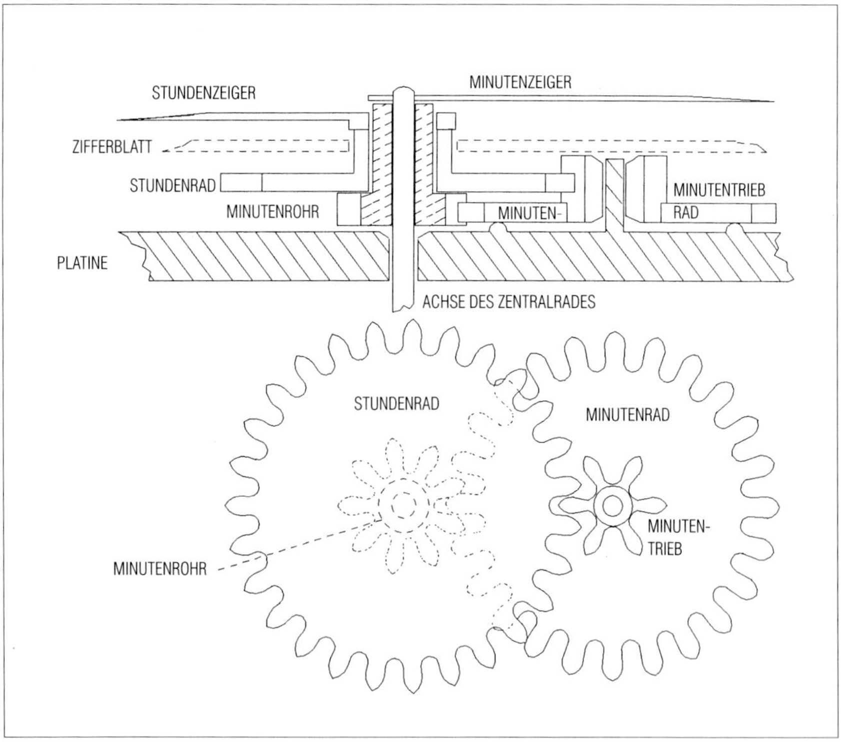

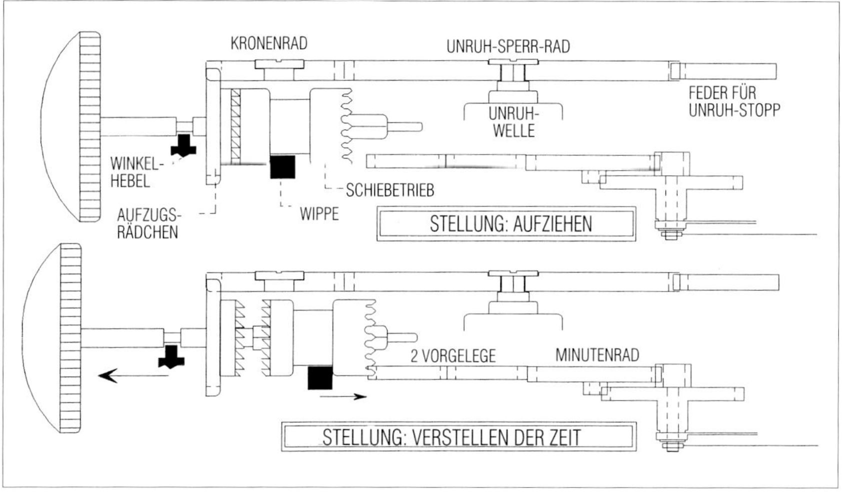

Oben: Jene Teile, die abwechselnd das Aufziehen der mechanischen Uhr oder das Verstellen der Zeiger ermöglichen.

Fehlen jeglicher Reibung vorausgesetzt, entspricht dabei die Schwingungsamplitude genau jener in die andere Richtung. Die Hin- und Herbewegung würde ewig andauern und so einen perfekten Isochronismus garantieren. In Wirklichkeit ist es aber unmöglich, die Reibung komplett auszuschalten, weshalb die Unruh die Hilfe einiger zuvor beschriebener Teile benötigt, um »beinahe perfekt« zu arbeiten.
Der letzte Aspekt betrifft die Art und Weise, in der die hier erwähnten »Rädchen« die Stunden und Minuten anzuzeigen vermögen. Zu diesem Zweck kommen nun endlich die Hilfsteile ins Spiel. Diese werden als **Zeigerwerk** bezeichnet und ihre Funktion besteht darin, die Bewegung des Räderwerkes auf die Zeiger zu übertragen. Das erste Element des Zeigerwerkes ist das **Minutenrohr,** das auf der entsprechenden Stelle der Achse des Zentralrades angebracht ist (es muss sich aber selbst bewegen können, um sich während der Anzeige der Stunden unabhängig vom Räderwerk drehen zu können).
Das Minutenrohr greift dann in das **Minutenrad** ein, auf dem gut befestigt das Minutentrieb sitzt. Dieses Trieb greift wiederum in das **Stundenrad** ein, welches auf einem zylindrischen Rohr sitzt, das sich im Minutenrohr befindet. Die Anzahl der Zähne der Zeigerwerksteile ist derart bemessen, dass das Stundenrad pro Umdrehung des Minutenrohres (das dafür eine Stunde benötigt) eine zwölftel Umdrehung durchführt. Auf dem Rohr des Stundenrades wird der **Stundenzeiger** befestigt, der folglich konzentrisch zum Minutenzeiger (der auf dem Minutenrohr befestigt wird) läuft: er vollzieht eine Umdrehung in 12 Stunden.
Zur Kategorie der »Hilfsteile« zählt aber auch die Krone für den **Aufzug** und das **Einstellen der Uhrzeit.** Mit diesen kann der Besitzer einer mechanischen Uhr die Zugfeder im Federhaus aufziehen und – ein nicht zu vernachlässigendes Detail – die Uhrzeit bei Bedarf korrigieren.
Eine Uhr besitzt im Allgemeinen eine Gangreserve zwischen 36 und 50 Stunden. Innerhalb dieses Zeitraums sollte die im Federhaus befindliche Feder wieder gespannt werden, damit die Uhr nicht stehen bleibt. Dieser Vorgang erfolgt bei den Modellen mit einem Handaufzug durch das Drehen der Aufzugskrone.
Bei modernen Uhren erfolgen beide Vorgänge über dieselbe Vorrichtung. Die Möglichkeit, die Uhr mit ein und derselben Vorrichtung aufzuziehen oder damit die Zeiger auf die exakte Zeit einzustellen, wird durch ein **Schiebetrieb** ermöglicht, das sich auf der Aufzugswelle befindet. Mit Hilfe zweier Stirnverzahnungen und einer Nut, auf der die **Wippe** einwirkt, kann dieses Trieb zwei genau definierte Positionen einnehmen. In der einen Stellung bewegt sie die Aufzugsteile (**Kronenrad, Unruh-Sperr-Rad, Unruhwelle**) und spannt dadurch die Feder, die mit der Unruhwelle verbunden ist. In der anderen Position setzt sie den Mechanismus der Zeitverstellung in Gang.

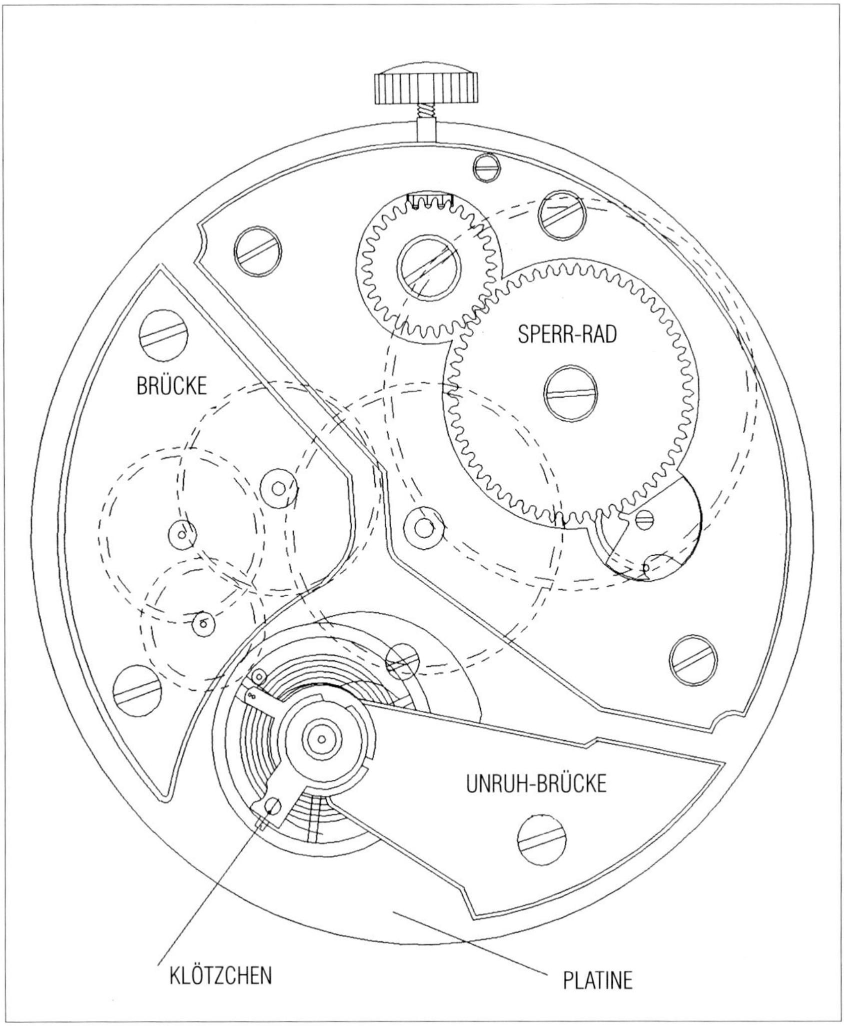

Oben: Das Kaliber einer modernen Uhr.

DER RAHMEN: BRÜCKEN, PLATINEN UND RUBINE

Der Mechanismus einer Armbanduhr erfordert eine Struktur, welche die vorher beschriebenen Teile zusammenhält. Dieses Gefüge besteht aus der **Platine,** einer Art Metallplatte, sowie **Brücken** verschiedenster Größe. Zwischen diesen beiden drehen sich die Achsen und Räder. Die **Zapfen** drehen sich dabei in Lagern, die auf der Platine oder den Brücken befestigt sind. Diese Lager werden bei den Armband- und Taschenuhren im Allgemeinen als **Rubine** bezeichnet, da sie anfänglich aus natürlichen Rubinen bestanden. Heute kommen nur noch synthetische Rubine zum Einsatz.

DIE ÄSTHETIK: GEHÄUSE, ZIFFERBLATT UND ZEIGER

Auch die Außenschale der Uhr besteht aus mehreren Teilen. Das **Gehäuse** dient als Verpackung für das Uhrwerk, soll der Uhr ein ästhetisches Äußeres verleihen und die komplexen Mechanismen vor schädlichen Einflüssen durch Staub, Feuchtigkeit und Schläge schützen. Das Gehäuse selbst setzt sich aus zwei oder drei Elementen zusammen (**Lünette, Mittelteil, Gehäuseboden**) und kann in verschiedensten Materialien (Gold, Stahl, Platin, Titan, aber auch Kunststoff) und Formen ausgeführt sein.

Die **Zeiger** ermöglichen das Ablesen der Zeit auf dem Zifferblatt. Bei den meisten mechanischen Uhren geschieht diese Anzeige mittels zweier Zeiger, einem kleineren für die Stunden und einem längeren für die Minuten. Ein dritter, viel dünnerer Zeiger, der im Allgemeinen bei sechs Uhr oder konzentrisch zu den beiden anderen angeordnet ist, zeigt die Sekunden an. Diese Anzeige erfolgt auf dem zwölfgeteilten **Zifferblatt,** wobei die Einteilung mittels Zahlen oder eine andere Art der Nummerierung an der Umrandung geschieht. Dazu kommt noch die Angabe der Minuten. Eine solche Anordnung der Zeiger auf dem Zifferblatt wird als **analog** bezeichnet, im Gegensatz zur **digitalen** Anzeige bei Quarzuhren.

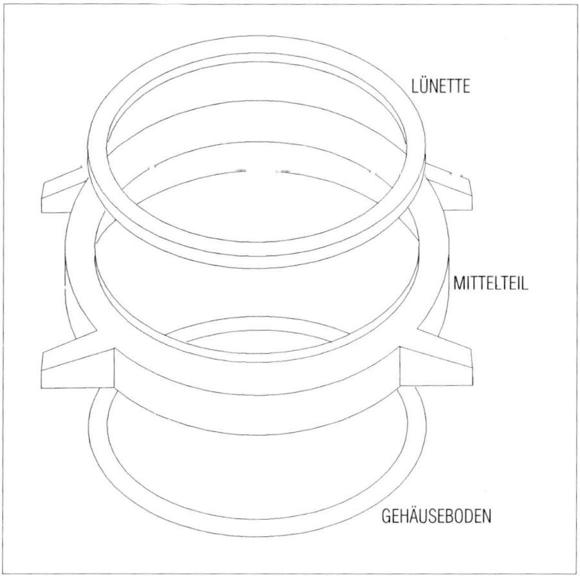

Oben: Die drei Teile des Gehäuses einer Armbanduhr. Unten: Einige Zeigerformen.

DIE AUTOMATIK

Mechanische Uhren können über eine **Vorrichtung zum automatischen Aufziehen** verfügen, die es ermöglicht – unter Ausnützung der Bewegungen des Armes des Uhrenträgers –, die im Federhaus befindliche Zugfeder ohne Verwendung der Krone aufzuziehen.

Nach ersten von Leroy hergestellten Exemplaren stieg die Bedeutung der Automatik dank der Initiativen von Harwood, Rolex und anderer Nobelmarken rapide an. Weitere innovative technische Lösungen brachten den endgültigen Durchbruch der Armbanduhr mit automatischen Aufzug.

Die Automatikuhren sind etwas dicker als die traditionellen Modelle mit Handaufzug, da der Mechanismus über eine höhere Anzahl an mechanischen Teilen

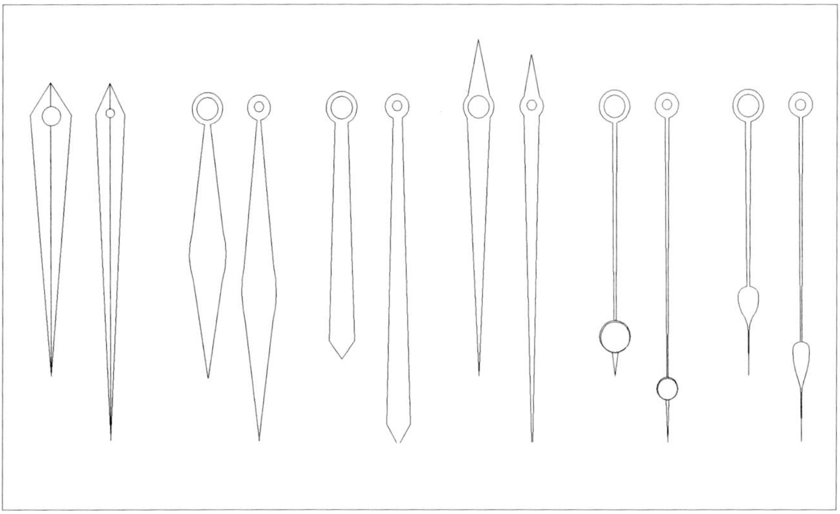

Rechts: Darstellung des automatischen Aufzugs der Rolex Perpetual (1931).

verfügt. Von diesen sticht vor allem der **Rotor** hervor, ein sich drehender Teil, der die Aufgabe der **Schwungmasse** übernimmt, die bei frühen Modellen verwendet wurde.
Der Rotor führt eine Drehbewegung durch (oder einen Teil davon), sobald die Uhr ihre Position verändert. Zwischen dem Rotor und dem Sperr-Rad des Federhauses befinden sich einige Räder, deren Funktion darin besteht, die vom Rotor auf den Aufzug ausgeübte Kraft zu untersetzen.
Im Gegensatz zu Uhren mit Handaufzug wird die Zugfeder bei den Automatikmodellen nicht an der Innenwand des Federhauses befestigt, sondern verfügt über eine **Bride.** Dieses Metallteil erlaubt es der Zugfeder im Innern des Federhauses durchzurutschen, damit sie nicht zu stark gespannt und dadurch abgerissen oder deformiert werden kann.

DIE QUARZUHR

Elektronische Uhren besitzen als Energiequelle eine Miniaturbatterie. Sie erfüllt dieselben Aufgaben wie eine Zugfeder bei den mechanischen Uhren.
Das System Unruh – Spiralfeder, das bei den ersten elektronischen Uhren noch zum Einsatz kam, wurde später durch den Diapason- und dann durch den Quarz-Resonator ersetzt, der Ende der 60er-Jahre aufkam und heute die verbreitetste Variante darstellt.
Die Quarzuhr selbst kann zwar auf eine interessante Entwicklung und Miniaturisierung zurückblicken, ist aber im Prinzip unverändert geblieben. Zu den Verbesserungen zählt insbesondere, dass die Lebensdauer der Batterien stark verlängert werden konnte.
Die Pulsar von Hamilton und ihr charakteristisches Zifferblatt mit den Leuchtziffern (LED = Light Emitting Diode) war ein frühes Modell und ein großer Energiefresser. Heute dominiert die Flüssigkristallanzeige (LCD = Liquid Crystal Dis-

play). Unterdessen hat sich vielfach wieder die analoge Anzeige mit Zifferblatt und Zeigern durchgesetzt.
Das Regulierorgan besteht aus einem **Quarzkristall** – der natürliche Quarz bei den ersten Exemplaren wurde schon bald durch einen synthetischen ersetzt. Wird ein solcher elektrischem Strom ausgesetzt, erzeugt er stabile mechanische Schwingungen. Diese Eigenschaft – typisch für den Quarz – wird als Piezoelektrizität bezeichnet.
Zunächst galt es, die beste Frequenz für die Schwingung des Quarzes auszuwählen (diese Frequenz hängt von der geometrischen Form des geschnittenen Quarzes ab).
Heute verwendet man 32.768 Hz als Standardfrequenz, die ein Quarz in der Form eines Diapason erzeugt. Sie gewährleistet die optimale Präzision bei nicht zu hohem Energieverbrauch (man muss die begrenzte Lebensdauer der Batterien für Armbanduhren berücksichtigen sowie deren längere Funktionsdauer).
Bei der Quarzuhr gibt es folglich ein »Gehirn«: den **integrierten Schaltkreis.** Dieser besteht aus einer sehr kleinen Siliziumplatte und wird mit einem Spezialkleber auf der **Leiterplatte** befestigt und mit den anderen Teilen, die das Zeigerwerk ausmachen, mittels feiner Metalldrähte verbunden. Der integrierte Schaltkreis hat die Funktion, die Frequenz des Quarzes (**Schwingkreis**) auszulösen und zu regulieren. Dann muss er die vom Quarz erzeugten 32.768 Hertz 15-mal durch zwei teilen, einen einzigen Impuls pro Sekunde aussenden (**Teilerschaltung**), diesen Impuls auf den **Schrittmotor** übertragen und dabei gleichzeitig dessen Intensität steigern (der Schaltkreis über den dieser Vorgang erfolgt, wird **Verstärker** genannt).
Der Schrittmotor – der aus der **Spule,** dem **Stator** und dem **Rotor** besteht – wirkt Sekunde für Sekunde auf die Räder des Zeigerwerkes ein. Diese wandeln so den elektrischen Impuls, der vom integrierten Schaltkreis ausgesendet wird, in eine mechanische Bewegung um.

Schematische Darstellung einer Quarzuhr mit digitaler Zeitanzeige.

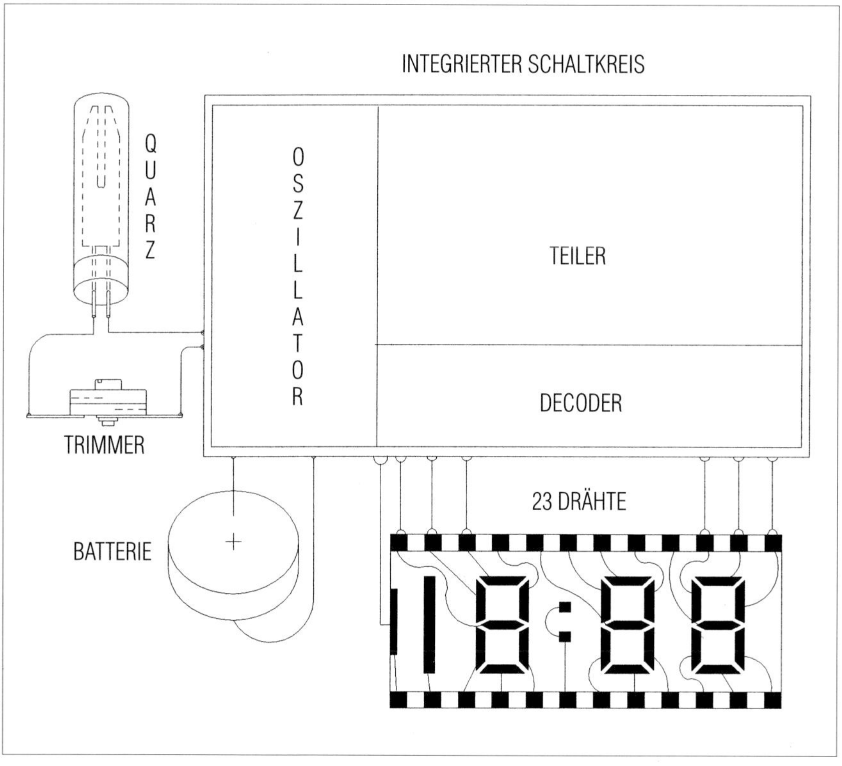

Rechts: Das Schrumpfen des Quarzes im Laufe der Jahre.
Unten: Schematische Abbildung der Funktion einer analogen Quarzuhr.

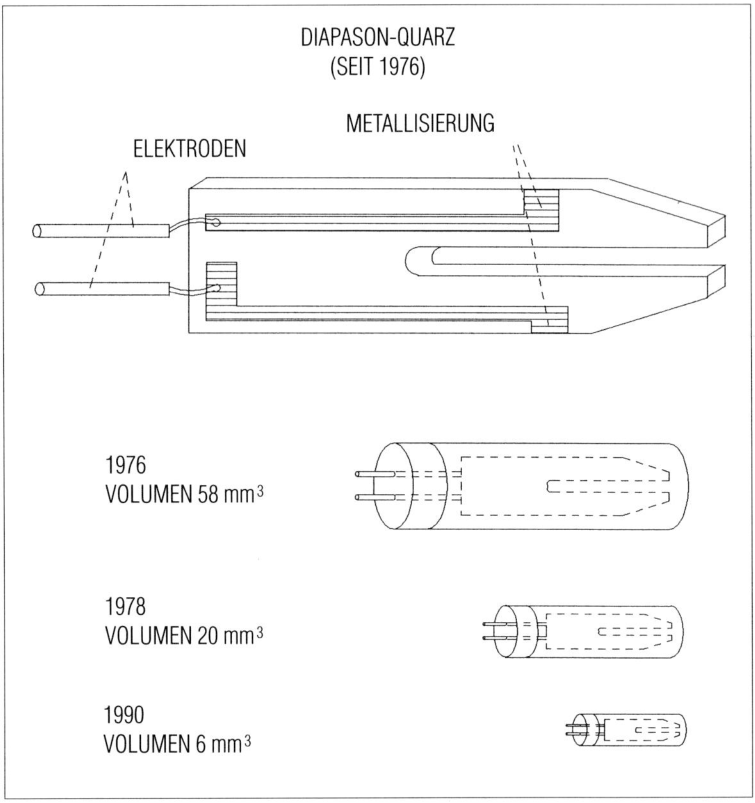

Das Zeigerwerk eines Quarzantriebes erlaubt es, die Bewegung an den Sekundenzeiger und in der Folge an den Minuten- und Stundenzeiger zu übertragen. Bei einigen Uhren ohne Sekundenzeiger verteilt die Teilerschaltung den Impuls nicht alle Sekunden, sondern alle 5, 10 oder 20 Sekunden, was sich außerdem vorteilhaft auf die Lebensdauer der Batterie auswirkt.
Schließlich ist zu erwähnen, dass bei den ersten Modellen zwischen dem Quarz und dem integrierten Schaltkreis ein variabler Kondensator – der so genannte **Trimmer** – angebracht war. Dieser erlaubte es dem Uhrmacher, ein leichtes Vorgehen oder Nachgehen des Quarzes zu korrigieren. Diese Vorrichtung wurde bei den späteren Modellen wieder weggelassen, da die Regulierung mittels direkt im Werk durchgeführter Korrekturen erfolgt.

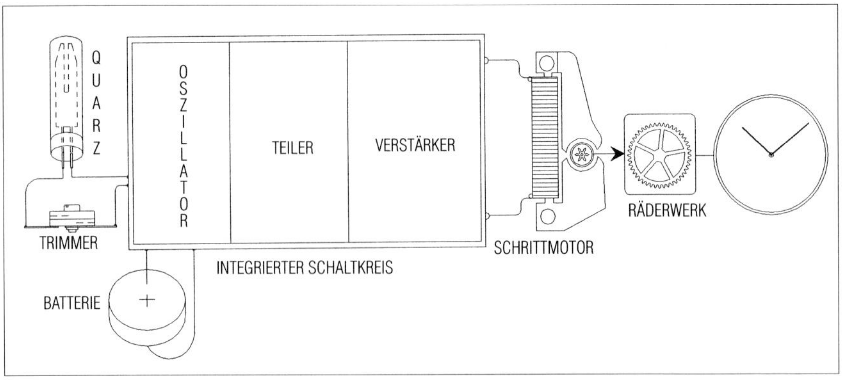

Die langlebige Uhr

DER ALLTAG

Aufgrund der Leistungen einer Armbanduhr, die ja Tag für Tag 24 Stunden ununterbrochen arbeitet, dürfen Pflege und Wartung nicht vernachlässigt werden. Umgesetzt auf 365 Tage des Jahres hebt sich die Armbanduhr in ihrem »Arbeitseifer« gegenüber fast allen anderen mechanischen Instrumenten ab.
Aus diesem Grund bedarf es einiger einfacher Kniffe und Vorsichtsmaßnahmen, um ihre »Arbeitskraft« zu erhalten. Nur so kann garantiert werden, dass der treue »Gefährte«, den man am Handgelenk trägt, sich eines möglichst langen Lebens erfreut.

BEDIENUNGSANLEITUNG

Eine falsche Benützung kann leicht zu Schäden an der Uhr führen. Deshalb sollte man unbedingt die technischen Eigenschaften wie auch die Funktionsweise der Uhr kennen. An erster Stelle muss diese Information der Verkäufer liefern, der seine Kunden beim Kauf mit dem Modell vertraut zu machen hat.
Mit dem sorgfältigen Studium der Bedienungsanleitung wird garantiert, dass der Käufer einer Uhr von unliebsamen Überraschungen verschont bleibt (indem man etwa die Uhr z. B. unwissentlich zu viel Feuchtigkeit aussetzt).
Antike Uhren oder Sammlerstücke erfordern eine umfangreiche technische Beratung. Wie alle Gegenstände, die man als Antiquitäten bezeichnen kann, benötigen mehrere Jahrzehnte alte Armbanduhren besonders sorgfältige Pflege. Bisweilen braucht man auch ein umfassendes Wissen über technische und mechanische Probleme.
Zusätzlich zu den Anregungen, die im nachstehenden Kapitel angeführt sind, findet der geschätzte Leser dort auch einige einfache, aber nützliche Ratschläge im Umgang mit den tatsächlichen und vorgeblichen »Widerwärtigkeiten« in der Welt der Uhren.
So wissen beispielsweise nur die Wenigsten, dass sich eine automatische Uhr auch händisch aufziehen lässt (abgesehen von den allerersten Modellen). Deshalb sollte bei einer Automatikuhr nach einer längeren Periode der Inaktivität mindestens 15- bis 20-mal an der Aufzugskrone gedreht werden, ehe sie wieder getragen wird. Ein weiteres typisches Problem bei dieser Art von Uhren stellt die unzureichende Selbstständigkeit des Aufzugs dar. Die Gründe dafür sind jedoch bisweilen nicht in einer mangelhaften Mechanik zu suchen, sondern vielmehr in der Unfähigkeit des Trägers, die im Federhaus befindliche Zugfeder durch Bewegungen mit dem Handgelenk zu spannen (dies geschieht häufig bei einer ausschließlich sitzenden Beschäftigung durch mangelnde Bewegung).
Außerdem darf nicht vergessen werden, dass eine Armbanduhr mit manuellem Aufzug beim Aufziehen vom Handgelenk genommen werden sollte. Nur so wird verhindert, dass ein seitlicher Druck auf die Aufzugswelle entsteht, was sich wiederum negativ auf die einzelnen Teile des Aufzugs auswirken kann.
Quarzuhren wiederum benötigen eine entsprechende Sorgfalt bei den Batterien. Wenn die Uhr längere Zeit nicht benützt wird, empfiehlt es sich, die Aufzugskrone herauszuziehen, um die Stromzufuhr zu blockieren, wobei die Batterie jedoch in der Uhr bleibt. Auf diese Weise schwingt der Quarz weiterhin, benötigt jedoch nur eine minimale Menge an Energie.
Ist die Batterie einmal leer, sollte sie rasch durch eine neue ersetzt werden. Bleibt nämlich die leere Batterie in der Uhr, kann es zum Austreten von Flüssigkeit aus der Batterie und damit zu Schäden am gesamten Uhrmechanismus kommen.

DIE DICHTHEIT

Viele Diskussionen gibt es auch über die Dichtheit von Armbanduhren. Als dicht gilt eine Uhr, deren Gehäuse weder Wasser noch Staub eindringen lässt. Vielfach wird hier als einziger Wert eine bestimmte Wassertiefe angegeben, bis zu der die Uhr dicht ist. Es sollte aber unbedingt auch die Druckbelastung angeführt sein.

Eine Uhr mit der Bezeichnung wasserdicht »bis zu 30 Meter« widersteht einem Druck von 3 Atmosphären. Sie sollte also eigentlich beim Duschen, Baden und Tauchen getragen werden können. Die Wirklichkeit sieht jedoch etwas anders aus. Ein solches Modell erweist sich unter den vorgenannten Bedingungen nicht immer als absolut wasserdicht, das heißt jedoch nicht, dass eine solche Uhr keinen ausreichenden Schutz vor äußeren Einwirkungen bietet (Wasser, aber auch Staub).
Insgesamt gibt es drei große Kategorien von Gehäusen für Armbanduhren, wobei die Dichtheit in Atmosphären (und nicht in Metern) angegeben werden sollte.

UNDICHTE UHR
Zu diesen zählen Modelle, die bereits vor längerer Zeit hergestellt wurden, sowie technisch äußerst komplizierte Uhren, die aufgrund der Drücker und anderer Vorrichtungen am Gehäuse (beispielsweise bei Uhren mit einer Minutenrepetition) besondere Vorsicht erfordern. Diese Uhren sind stets mit größter Vorsicht zu behandeln und dürfen nur dann getragen werden, wenn nicht die geringste Gefahr besteht, dass sie mit Wasser in Kontakt kommen.

WASSERDICHTE UHREN
Diese Bezeichnung tragen alle Uhren, die einem Druck von bis zu 3 Atmosphären widerstehen (*water resistant*), aber von ihrer Verwendung her für den täglichen Gebrauch konzipiert sind. Ein Einsatz unter Wasser beispielsweise (Tauchen etc.) kommt also nicht in Frage.

TAUCHERUHREN
Sie halten einem Druck bis zu 10 Atmosphären (*waterproof*) und meistens auch darüber hinaus stand und können sowohl für sportliche als auch professionelle Zwecke eingesetzt werden.
Bekannterweise ist eine völlige Wasserdichtheit nur sehr schwer zu erreichen, da die Teile des Gehäuses (Dichtungsring, Glas, Aufzugskrone) Abnützungserscheinungen und Beschädigungen unterliegen. Gerade diese Teile liegen nämlich frei und werden häufig bedient (etwa die Aufzugskrone).
Aus diesem Grund muss auch eine wasserdichte Uhr, vor allem wenn sie häufig mit Wasser in Kontakt kommt, einem Test mit speziellen Geräten unterzogen werden. Bei diesen jährlich stattfindenden Kontrollen empfiehlt es sich, den Dichtungsring auszutauschen, wenn das Gehäuse geöffnet wird.

DIE PRÄZISION
Welche Präzision liefert eine Uhr? Wie viele Sekunden Gangungenauigkeit kann man pro Tag tolerieren? Läuft die mechanische oder die Quarzuhr genauer? Diese Fragen stehen stellvertretend für jene Probleme und Zweifel, welche in Zusammenhang mit dem Kauf oder dem Interesse an einer Uhr immer wieder auftreten.
Während bei der Beantwortung der beiden ersten Fragen ein gewisser philosophischer Aspekt eine nicht unwesentliche Rolle spielt, gilt ohne Zweifel, dass Quarzuhren präziser sind als ihre mechanischen Schwestern.
Das Geheimnis liegt dabei in der Frequenz der Schwingungen des Regulierorgans (Quarz). Diese beträgt üblicherweise 32.768 Hertz und stellt damit eine Genauigkeit sicher, die von den präzisesten mechanischen Uhren nicht erreicht wird. Deren Schwingung liegt nämlich aus Konstruktionsgründen bei maximal 5 Hertz (dies entspricht 36.000 Halbschwingungen pro Stunde). Dabei werden mechanische Uhrwerke, die mit 5 Hertz – aber auch 4 Hertz – laufen, bereits als »Hochfrequenzwerke« (Schnellschwinger) bezeichnet.
Bei einer guten Quarzuhr liegt die Ungenauigkeit pro Monat bei höchstens 2 Sekunden.
Mechanische Uhren mit Automatik oder auch mit manuellem Aufzug erzielen ebenfalls einen solchen Wert – aber pro Tag. Dabei darf nicht übersehen werden, dass nur wenige, entsprechend regulierte Uhren so ausgezeichnete Gangergebnisse erreichen. Laut Definition des Chronometers dürfen nämlich solche Uhren während eines Kontrolltests bei einer entsprechenden Prüfstelle

eine Ungenauigkeit von unter 10 Sekunden pro Tag aufweisen.
Wie kann man also den Präzisionsgrad bei einer mechanischen Armbanduhr angeben? Es gilt hier die Faustregel, dass eine Gangungenauigkeit von maximal 3 bis 4 Minuten im Monat das Zeichen einer sehr präzisen Uhr darstellt.
Um die Leistungen ihrer Erzeugnisse zu steigern, sehen große Uhrenhäuser eine spezielle **Regulierung** bei verschiedenen Temperaturen und in verschiedenen Lagen vor, ehe sie ihre Produkte auf den Markt bringen. Darunter versteht man die Summe aller Vorgänge, die eine möglichst hohe Präzision einer Uhr zum Ziel haben. Die Regulierung erfolgt in vier Phasen: Das Zentrieren der Spiralfeder, das Einstellen der Hemmung, das Ausgleichen der Unruh und die Regulierung des Gangreglers.
Nach Abschluss dieser Vorgänge folgt die Überprüfung des Ganges in verschiedenen Lagen. So werden sämtliche Lagen, die eine Uhr am Handgelenk einnehmen kann, kontrolliert.
Im Kästchen unten finden sich die sechs »kanonischen« Lagen.

POSITION	SYMBOL
Horizontal, Zifferblatt oben	ZO
Horizontal, Zifferblatt unten	ZU
Vertikal, Krone unten	KU
Vertikal, Krone rechts	KR
Vertikal, Krone links	KL
Vertikal, Krone oben	KO

Die vier Lagen, in denen eine mechanische Uhr reguliert wird. Dazu kommen noch die beiden »offensichtlichen« horizontalen Lagen.

Auf Basis dieser Informationen unterscheidet man folgende Arten der Regulierung:

NORMALE REGULIERUNG
Dabei werden (bei Armbanduhren) der Gang der Uhr mit »Zifferblatt oben« und »Krone unten« gemessen und nur grobe Gangungenauigkeiten korrigiert. Der Unterschied zwischen den beiden Lagen darf 20 Sekunden pro Tage nicht übersteigen.

REGULIERUNG IN DEN LAGEN
Die Uhr wird in den verschiedenen Lagen (drei und sechs) reguliert.

REGULIERUNG BEI UNTERSCHIEDLICHEN TEMPERATUREN
Der Gang der Uhr wird mindestens 24 Stunden bei 4 °C und weitere 24 Stunden bei 20 °C gemessen, wobei jedes Mal entsprechende Korrekturen durchgeführt werden (in einigen Fällen sind die Temperaturen auch höher oder tiefer).

REGULIERUNG IN ACHT LAGEN
Die Uhr wird in jenen sechs Lagen reguliert, die sie physisch einnehmen kann. Dazu kommen zwei Temperaturextreme (4 und 36 °C). Bedingt durch den geringen Platz auf dem Uhrwerk steht üblicherweise nur »8 Lagen« geschrieben.

HOCHPRÄZISIONS-REGULIERUNG
Dieser äußerst komplexe Vorgang war in der Vergangenheit nur für Uhren vorgesehen, die für Wettbewerbe bei Observatorien bestimmt waren.

DIE WARTUNG
Auch wenn eine Armbanduhr lange Zeit nicht benützt wird, empfiehlt sich alle zwei bis drei Jahre eine genaue Überprüfung. Nur auf diese Weise kann ein optimales Funktionieren der Uhr sichergestellt werden. Im Laufe dieser Kontrolle wird das Uhrwerk ausgebaut und in ein Spezialbad gelegt, um auch die geringsten Ölspuren zu entfernen. Anschließend erfolgt die Regulierung in verschiedenen Lagen sowie eine mehrtägige Inspektion der Ganggenauigkeit. Zum Abschluss poliert der Uhrmacher noch das Gehäuse, eventuell auch das Armband und testet dabei die Dichtheit der Uhr. Ein solcher Vorgang erfordert einen Aufwand von mindestens drei Wochen und kann bei komplizierten Uhren sogar zwei bis drei Monate dauern.

Quarzuhren benötigen wie ihre »mechanischen« Schwestern ebenfalls viel Pflege und Sorgfalt. Es genügt nämlich nicht, nur die Batterien auszuwechseln. Wie die mechanischen Uhren mit Automatik oder Handaufzug brauchen auch sie eine regelmäßige Kontrolle.

Der richtige Kauf

Der Kauf einer Uhr bedeutet für einen Sammler stets einen Augenblick großer Emotionen. Angesichts eines Exemplars, von dem man schon lange geträumt hat, gehen bei vielen Liebhabern dieser kleinen Zeitmesser die Gefühle durch. Der Wunsch, eine Uhr möglichst rasch zu besitzen, birgt jedoch die Gefahr in sich, dass auch der aufmerksamste und gewissenhafteste Sammler bestimmte Vorsichtsmaßnahmen außer Acht läßt. Der Blick für wesentliche Details lässt nach und als Folge können Mängel, die in einer Euphorie als irrelevant angesehen wurden, den Wert des allzu rasch erworbenen »Objekts der Begierde« stark mindern.
Nachstehend finden sich einige einfache Ratschläge, die verdeutlichen sollen, welche Aspekte in der Welt der Uhren zu beachten sind. Das heißt jedoch nicht, dass die Lektüre dieser Seiten bereits genügt, um ein Experte auf diesem Gebiet zu sein.
Die Beschäftigung mit dem Thema Armbanduhr verlangt ein bestimmtes Maß an Wissen. Dieses lässt sich durch die Lektüre von Fachzeitschriften und Büchern, vor allem aber durch das Gespräch mit Fachleuten und kompetenten Händlern erwerben. Es darf nämlich keinesfalls übersehen werden, dass nur absolut zuverlässige Verkaufsstellen die Voraussetzung für gewissenhafte Beratung und Professionalität schaffen können.

Modelle jüngeren Datums, die für Sammler bereits von Interesse sind, sollten direkt bei einem autorisierten Händler gekauft werden. Dieser überreicht nämlich gemeinsam mit der Uhr das ordnungsgemäß ausgefüllte Garantiezertifikat (unbedingt mit Stempel und Ausstellungsdatum). Erst diese Bescheinigung garantiert die Herkunft der Uhr und schützt den Käufer vor eventuellen Funktionsfehlern oder mechanischen Defekten, die sich bisweilen schon nach kurzer Zeit zeigen können.

Sammler von antiken Uhren müssen sehr auf Details achten, da gerade dieser von hohen Preisen geprägte Markt in der Vergangenheit oft unter skrupellosen Machenschaften zu leiden hatte.

In diesem Fall liegt es am Verkäufer oder am Auktionshaus, in jeder Hinsicht für die Qualität der Uhr zu garantieren. Zu diesem Zweck sind entsprechende Dokumente auszustellen und auf ihnen möglichst viele detaillierte Informationen zu vermerken.

Die nachstehende »Checkliste« enthält einige einfache Regeln, die typische Merkmale von Sammleruhren betreffen und vor allem helfen, offensichtlich gefälschte Exemplare zu erkennen. Dennoch darf man nicht erwarten, sich damit zur Gänze vor Enttäuschungen schützen zu können.

- Das Gehäuse der Uhr muss die Nummer (im Allgemeinen im Inneren oder am Boden), die entsprechende Punze der Marke sowie den Feingehalt des Edelmetalls tragen.
- Der allgemeine Erhaltungszustand muss sehr sorgfältig überprüft werden (eventuelle Reparaturen können einen vorerst »günstigen« Kauf um einiges verteuern).
- Es empfiehlt sich auch bei Antikuhren, diese nur mit Garantiezertifikat und Originalbehälter zu erwerben. Einige Uhrenhersteller übersenden auf Anfrage des Käufers einen Auszug aus dem Firmenregister sowie eine Bestätigung oder ein Duplikat des Authentizitätszertifikats.
- Die meisten Uhren, deren Herstellung schon einige Zeit zurückliegt (bis in die 60er-Jahre), weisen nur sehr selten ein Zifferblatt auf, das nicht »aufgearbeitet« ist. Dieser Vorgang wurde – und wird – dann durchgeführt, wenn sich das Zifferblatt in einem schlechten Zustand befindet oder ganz bzw. teilweise beschädigt ist. Die Ursprünglichkeit und Ästhetik des Zifferblattes ist nicht beeinträchtigt, aber der Verkaufswert der Uhr vermindert sich beträchtlich.
- Alle Merkmale der Teile einer Uhr sind bereits zum Zeitpunkt des Kaufes zu erfragen und gemeinsam mit der Gehäusenummer in das Zertifikat einzutragen.
- Bei wertvollen Exemplaren kann ein Foto die Bestätigung für die Professionalität des Verkäufers sein.
- Schließlich sollte man bedenken, dass bereits der Preis ein erstes »Verdachtsmoment« liefern kann: Liegt er nämlich wesentlich unter dem tatsächlichen Marktwert, kann sich dahinter manch unangenehme Überraschung verbergen. Richtige »Schnäppchen« kommen auf diesem Gebiet äußerst selten vor und vielfach erweist sich ein solcher Kauf als »Bombengeschäft« – aber nur für den unehrlichen Verkäufer.

  Aus diesem Grund empfiehlt es sich, bei so genannten »günstigen Gelegenheiten« größte Vorsicht walten zu lassen, um nicht im Nachhinein unsanft auf den Boden der Realität geholt zu werden.

Es gibt aber auch Uhren, die sofort ins Auge stechen und so zum »Objekt der Begierde« werden. In einem solchen Fall können ein ansehnliches Äußeres und die so genannte »Liebe auf den ersten Blick« den Interessenten sehr wohl veranlassen, einen etwas höheren Preis zu bezahlen. Schlimmstenfalls handelt es sich dabei um ein eher günstiges Exemplar, das jedoch einen hohen emotionellen Wert besitzt.

Wenn jedoch großes wirtschaftliches Interesse damit verbunden ist, sollte mit großer Vorsicht und Umsicht gehandelt werden. Hier empfiehlt sich auf jeden Fall die Beiziehung eines Experten oder Händlers, der eine fundierte Beratung liefern kann. Auf diese Weise kommt der Kauf zwar schlussendlich etwas teurer, aber man kann sicher sein, eine gute Wahl getroffen zu haben.

Hinweise zu den Beschreibungen

Die einzelnen Beschreibungen der Armbanduhren sind nach Kategorien geordnet, wobei die Einteilung der vorgestellten Modelle nach ihren Besonderheiten erfolgt. In bestimmten Fällen gilt das Hauptaugenmerk der Ästhetik, dann wiederum der Mechanik.
Nachstehend finden Sie die Kategorien angeführt:

Mechanische Uhren mit Handaufzug und automatischem Aufzug	**Formuhren**	**Schmuckuhren**
Elektronische Uhren	**Damenuhren**	**Militäruhren**
Taucheruhren	**Technische Uhren**	**Uhren mit Chronograph**
Uhren mit Kalender	**Uhren mit Komplikationen**	

Um die Qualität jeder einzelnen Uhr besser verstehen zu können, wurde bei den jeweiligen Beschreibungen der **Ästhetik** viel Raum gegeben, d. h. den Unterscheidungsmerkmalen des Gehäuses und des Zifferblattes. Dies gilt auch für die **Technik** mit genauer Darlegung der Besonderheiten des einzelnen Modells oder der verschiedenen Arten von Modellen, mit denen der Sammler bei der Ausübung seines Hobbys konfrontiert wird. Aus diesem Grund sind auch die Beschreibungen der Technik und Ästhetik bei einigen Uhren eher allgemeiner Natur, bei anderen wiederum wesentlich umfangreicher. Diese Methode wurde angewendet, um eine komplette Bandbreite jener Modelle vorstellen zu können, welche die stilistische und technische Entwicklung des letzten Jahrhunderts repräsentieren.

Der **Titel der Beschreibung** bezieht sich auf den Namen, den der Hersteller dem jeweiligen Modell gegeben hat – ansonsten verweist er auf die Art der Verwendung, für die diese Uhr gedacht ist.

VISITENKARTE
Sie enthält die wesentlichen Informationen für ein erstes Kennenlernen der in der Beschreibung vorgestellten Uhr. Die Visitenkarte bezieht sich üblicherweise auf die fotografische Abbildung der beschriebenen Uhr. Ansonsten verweist die Bildunterschrift deutlich auf das in der Visitenkarte angeführte Modell.

HERSTELLUNGSJAHR
Die Zeitangabe der abgebildeten Uhr bezieht sich »exakt« auf das Jahr der Herstellung dieses Exemplars oder – falls dieses nicht mit Sicherheit angegeben werden kann – auf das Bezugsjahrzehnt (ein Modell, das Anfang bzw. am Ende der 30er-Jahre hergestellt wurde, trägt jeweils die Bezeichnung »ca. 1930«).

GEHÄUSE
Die Angabe bezeichnet das bei der Herstellung des Gehäuses eingesetzte Material mit detaillierter farblicher Unterscheidung des verwendeten Goldes. Das Kapitel »Ästhetik« hingegen behandelt die Beschreibung der stilistischen Merkmale, welche das Gehäuse und das Zifferblatt charakterisieren.

ZIFFERBLATT
Die Visitenkarte führt nur die verwendete Farbe an, während die Details der Anzeigen, Zeiger sowie andere Merkmale unter dem Kapitel »Ästhetik« zu finden sind.

UHRWERK
Die Einteilung der Armbanduhren hinsichtlich ihrer Mechanik erfolgt nach drei Unterscheidungsmerkmalen: 1. Mechanik mit Handaufzug; 2. Mechanik mit automatischem Aufzug; 3. Quarzelektronik.

FUNKTIONEN
Dieser Punkt veranschaulicht sehr deutlich die Funktionsmerkmale der Uhr. Bei einfach gebauten Uhren betrifft dies vor allem die wesentlichen Funktionen (Stunden und Minuten). Diese Funktionen werden jedoch aus Gründen der Einfachheit bei den »komplizierten« Modellen auf der Visitenkarte nicht mehr angeführt.

BEWERTUNG
Hier wird der Handelswert angeführt sowie die Schwierigkeiten, ein Exemplar zu finden, das noch alle Originalteile aufweist.
☆ Uhren von geringem wirtschaftlichen Wert, die jedoch vom historischen Standpunkt aus von Interesse sind. Solche Exemplare findet man meist auf Märkten und in Geschäften, die sich mit dem An- und Verkauf von Gebrauchtwaren befassen. Dabei ist Vorsicht bei den Zifferblättern, dem Zustand des Gehäuses sowie der Mechanik geboten.
☆☆ Uhren von einem bestimmten wirtschaftlichen Wert, da sie unter Liebhabern sehr gesucht sind und häufig über interessante Funktionen oder Fabrikationsmerkmale verfügen. Bei Uhren, deren Herstellungsjahr schon etwas länger zurückliegt, empfiehlt es sich, genaue Informationen über die Herkunft einzuholen und vom Verkäufer eine schriftliche Garantie zu verlangen. Wenn irgendwie möglich, sollte auch das Garantiezertifikat des Herstellers und das Originaletui dabei sein.
☆☆☆ Uhren von beträchtlichem Wert und großem Sammlerinteresse. Unter dieser Kategorie finden sich sehr seltene Modelle in geringer Auflage. Diese Exemplare sind bei Versteigerungen, in Spezialgeschäften für Nobeluhren und – bei Modellen jüngeren Datums – bei autorisierten Händlern anzutreffen. In diesem Fall müssen die Qualität des Gehäuses und des Uhrwerks vom Verkäufer absolut garantiert werden.
☆☆☆☆ Einzelstücke oder Uhren von außergewöhnlichem historischen oder wirtschaftlichen Wert. Werden von Sammlern weltweit gesucht und unterscheiden sich durch technische Qualität und komplexe Mechanik. Für die meisten Liebhaber von Uhren unerschwinglich.

Armband-
uhren
1900–2000

MECHANISCHE UHREN

MIT HANDAUFZUG UND AUTOMATISCHEM AUFZUG

Mit Beginn des neuen Millenniums kann die mechanische Uhr bereits auf eine rund 1000 Jahre lange Geschichte blicken, während die Entstehung der Armbanduhr gerade einmal 100 Jahre zurückliegt. Der gemeinsame Nenner der Zeitmesser vergangener Epochen (Tisch- und Kaminuhren) und den mittels eines Lederbands am Handgelenk befestigten Modellen jüngeren Datums ist das Uhrwerk. Zwischen den antiken Uhren und jenen des 20. Jahrhunderts gibt es zwar gewaltige Unterschiede, andererseits aber auch eine sehr enge Verwandtschaft. Auch wenn die Art und Weise ihrer Herstellung sich stark unterscheidet, funktionieren sie dennoch aufgrund eines sehr ähnlichen Mechanismus.

Verallgemeinernd könnte man sagen, dass die Armbanduhr aus denselben Teilen besteht wie die ältesten Zeitmesser. Die einzig wirkliche Ausnahme bildet die Aufzugsvorrichtung, da zu einem bestimmten Zeitpunkt der Wechsel vom unbequemen Schlüssel zur wesentlich praktischeren Krone stattfand. Die maßgebende Entwicklung stellte jedoch der Durchbruch auf dem Gebiet der Miniaturisierung dar. Sie war ein wesentlicher Sprung vorwärts, da sie als Zusammenfassung der technologischen Errungenschaften der Uhrmacherkunst im 20. Jahrhundert angesehen werden kann. Die Armbanduhr konnte nur deshalb entstehen, weil die Uhrenindustrie die Größe der einzelnen Teile verringern konnte. Dies erklärt auch zum Teil die Faszination, welche Uhren mit Handaufzug ausüben, ein emotioneller Wert, der zum zweifelsohne künstlerischen Zauber ihres Designs hinzukommt. Eine Art avantgardistischer Revolution, da sie sich damit deutlich von der vorherrschenden Tradition der Taschenuhren loslöst.

Die automatischen Uhren wiederum sind am meisten gefragt und zählen – zumindest bei den mechanischen Modellen – zur fortschrittlichsten Kategorie. Automatikuhren

Portugieser Automatik von IWC und ihr Mechanismus.

Patek Philippe Automatic (1966).

haben nämlich den großen Vorteil, dass sie sich während des täglichen Gebrauchs von selbst aufziehen und alle Merkmale der Armbanduhr in sich vereinen. Dies reicht von reinen Zeitmessern über Chronographen bis zu den Modellen mit den ausgefallensten Komplikationen. Das Grundprinzip ihrer Funktion, das sich in gewisser Weise dem antiken Traum des »Perpetuum mobile« nähert, hat die fähigsten Meister dieser Zunft schon lange vor der Erfindung der Armbanduhr in ihren Bann gezogen. Aber erst in diesen modernen Uhren vereint sich höchste mechanische Spezialisierung mit einer optimalen Anwendung.
Das Problem des automatischen Antriebs bei den Zeitmessern (ohne täglich die Uhr mittels der Aufzugskrone mit der Hand aufzuziehen) wurde auf verschiedene Weise angegangen. Die Uhrmachermeister gingen beinahe alle vom selben Prinzip aus – der Verwendung einer Schwungmasse, welche die Zugfeder aufzog, sobald die Uhr bewegt wurde. Ähnliche Systeme gab es bereits bei den Taschenuhren, aber offensichtlich eignete sich diese Vorrichtung wesentlich besser für Armbanduhren. Der endgültige Durchbruch auf diesem Gebiet ist eng mit dem Namen Rolex und dem »Perpetual« genannten Patent eines Rotors (1931) verbunden. In den 50er-Jahren waren die Automatikuhren dann Objekte einer wahren Modebewegung.

Audemars Piguet • Extraflach

Visitenkarte

Herstellungsjahr
ca. 1950

Gehäuse
Platin

Zifferblatt
Silbern

Uhrwerk
Mechanisch mit Handaufzug

Funktionen
Stunden und Minuten

Bewertung
☆☆

Der technische Wettstreit, der seit jeher unter den Schweizer Uhrenherstellern herrschte, fand einen seiner Höhepunkte in den Jahrzehnten von 1940 bis 1970. Es ging dabei um die Realisierung wirklich flacher Kaliber, in denen die mechanischen Teile immer kleiner und mit Toleranzen von wenigen hundertstel Millimetern gefertigt wurden. Audemars Piguet, bereits Inhaber einiger Rekorde auf diesem Gebiet, brachte 1946 das Kaliber 2003 auf den Markt, ein Uhrwerk mit einer Stärke von nur 1,64 mm. Dieses Uhrwerk war ein gewaltiger Erfolg, da es den Designern des Hauses erlaubte, bei der Realisierung der Gehäuse keinerlei Gedanken an die Größe des Uhrwerks verschwenden zu müssen. Dank der außergewöhnlichen Qualität dieser Konstruktion verfügten diese Uhren auch über eine Robustheit und Zuverlässigkeit, die für eine extraflache Uhr selten waren. In den Jahren danach kam das Kaliber 2003 auch bei einigen Sondermodellen zum Einsatz, deren Uhrwerk skelettierte Teile aufwies und als zusätzliche Komplikation einen Ewigen Kalender besaß.

ÄSTHETIK

Ein Gehäuse von geringer Größe und mit geraden Stegen. Silbernes Zifferblatt mit Stabindizes für die Stunden sowie Stabzeigern.

TECHNIK

Uhrwerk mit Handaufzug, Kaliber 2003, 17 Rubine, monometallische Unruh, flache Spiralfeder, in fünf Lagen reguliert.

Gyromatic • Girard-Perregaux

Bei der Entwicklung des automatischen Aufzugs bei den Armbanduhren darf der Beitrag der Firma Girard-Perregaux zu Beginn der 60er-Jahre auf keinen Fall vergessen werden. 1957 erfolgte die Präsentation der Gyromatic, deren Aufzugssystem sich durch einige technische Innovationen unterschied. Diese ermöglichten eine hervorragende mechanische Zuverlässigkeit, wobei der Platzverbrauch und die Größe der Mechanik auf ein Minimum reduziert waren. Ein weitere Version der Gyromatic aus dem Jahre 1965 enthielt als erste Uhr der Welt ein in Serie gefertigtes Uhrwerk mit einer Unruh, welche die für eine mechanische Uhr höchstmögliche Frequenz von 36.000 Halbschwingungen pro Stunde erzielte. In den Jahren darauf bekam Girard-Perregaux für die Gyromatic den »Jahrhundertpreis« des Observatoriums von Neuchâtel zugesprochen, nachdem dieses Institut eine große Anzahl von Uhren dieses Kalibers einer Reihe von harten Tests unterzogen hatte, die für das Chronometerzertifikat notwendig sind.

ÄSTHETIK
Gehäuse mit 32 mm Durchmesser, silbernes Zifferblatt mit aufgesetzten Stabindizes, Stabzeiger, Datumsfenster bei 3 Uhr. Unterhalb von 12 Uhr befindet sich die Aufschrift »Observatory Chronometer«, die auf die am Observatorium von Neuchâtel erlangte Zertifizierung hinweist.

TECHNIK
Uhrwerk mit automatischem Aufzug, 39 Rubine, Unruh mit 36.000 Halbschwingungen pro Stunde.

Visitenkarte

Herstellungsjahr
1967

Gehäuse
Stahl

Zifferblatt
Silbern

Uhrwerk
Mechanisch mit automatischem Aufzug

Funktionen
Stunden und Minuten, Sekunden und Datum im Fenster

Bewertung
☆

Harwood • Automatik

Visitenkarte

Herstellungsjahr
ca. 1920

Gehäuse
Rotgold

Zifferblatt
Silbern

Uhrwerk
Mechanisch mit automatischem Aufzug

Funktionen
Stunden und Minuten

Bewertung
☆

Die ersten in Serie gefertigten Armbandmodelle mit automatischem Aufzug wurden von einigen Uhrenherstellern zwischen 1926 und 1931 auf den Markt gebracht. Die Grundlage dafür bildete das Patent des Engländers John Harwood, der 1924 einen funktionierenden Prototyp einer Uhr vorstellte, bei der die Zugfeder über eine Schwungmasse aufgezogen wurde. Vom Konzept her den Automatikuhren der folgenden Jahre bereits sehr nahe, unterschied sich die Harwood durch einige technische Besonderheiten, die dann jedoch wieder aufgegeben wurden. Das Einstellen der Uhrzeit geschah durch das Drehen der Lünette mit dem Uhrglas, wobei bei diesem Vorgang keine Verbindung zwischen Zeiger und Räderwerk vorhanden war. Ein kleiner roter Punkt, der durch ein kleines Fenster bei 6 Uhr zu sehen war, wies darauf hin, dass diese zuvor unterbrochene Verbindung wieder aufrecht war. Ein weiteres interessantes Detail betraf das Aufziehen der Harwood. Dies geschah durch Schütteln der Uhr, da sie über keine Aufzugskrone verfügte. Diese Maßnahme wurde vom englischen Erfinder deshalb vorgesehen, um den Mechanismus vor schädlichen äußeren Einflüssen (vor allem Wasser und Staub) zu schützen.

ÄSTHETIK
Gehäuse mit einem Durchmesser von 30 mm, ohne Krone, mit drehbarer Lünette und gerändeltem Rand. Silberzifferblatt graviert, Nummerierung mit römischen Ziffern, Zeiger aus Stahl.

TECHNIK
Uhrwerk mit automatischem Aufzug, 15 Rubine, aufgeschnittene bimetallische Unruh, Flachspiralfeder.

Portugieseruhr • IWC

Die Ursprünge der Portugieseruhr gehen bis in die 30er-Jahre zurück. Der Uhrenhersteller aus Schaffhausen erhielt zu dieser Zeit eine etwas ungewöhnliche Anfrage von Rodriguez und Texelra, zwei portugiesischen Uhrenimporteuren, die auf besonderen Wunsch ihrer Kunden ein Modell aus Stahl mit einem großen Gehäuse und leicht ablesbarem Zifferblatt bestellten. Die Techniker bei IWC fanden in einer Zeit, als bei Armbanduhren im Allgemeinen kleine Größen gefragt waren, eine geniale Lösung, um die beiden portugiesischen Händler zufriedenzustellen. Sie entschieden sich für einen groß dimensionierten und äußerst zuverlässigen Mechanismus mit Handaufzug – der üblicherweise für Taschenmodelle vorgesehen war – und versahen dieses Uhrwerk mit einem klassischen Gehäuse für das Hangelenk. Die Uhr wurde zu Ehren des Bestimmungslandes als Portugieseruhr bezeichnet. In den 40er-Jahren fand diese Uhr reißend Absatz, was auch zu einigen Variationen des Zifferblattes führte. Die zweite Erfolgsetappe dieses Zeitmessers fand in den 60er-Jahren statt. In diesem Fall musste IWC eine spezielle Anfrage nach groß dimensionierten Armbanduhren seitens deutscher Kunden befriedigen. Zu diesem Zweck wurden einige Gehäuse benutzt, die in den 40er-Jahren keine Verwendung gefunden hatten. Die große Renaissance der Portugieseruhr geht jedoch auf das Jahr 1993 zurück, als die Schweizer Uhrenmanufaktur beschloss, anlässlich des 125-jährigen Bestehens diese historische Uhr in limitierter Auflage erneut herauszubringen. Die 1000 Exemplare in Stahl, 500 Stück in Gold und 250 in Platin waren bald verkauft und vermehrten dadurch den Ruf der Portugieser, ein gesuchter »Klassiker« zu sein. In den Jahren darauf wurde dann das Konzept von groß dimensionierten Uhren überstrapaziert. Es entstand eine umfangreiche Serie von Modellen, unter diesen auch ein Schleppzeigerchronograph mit Handaufzug und Minutenrepetition, der in geringer Auflage produziert wurde, sowie eine Automatik mit kleinerem Gehäuse, aber den von der klassischen Portugieseruhr inspirierten äußeren Merkmalen.

Visitenkarte

Herstellungsjahr
1993

Gehäuse
Platin

Zifferblatt
Silbern

Uhrwerk
Mechanisch mit Handaufzug

Funktionen
Stunden, Minuten und Sekunden

Bewertung
☆☆

ÄSTHETIK

Die Portugieseruhr aus dem Jahre 1993 besitzt ein Gehäuse mit einem Durchmesser von 42 mm und einem Saphirglas auf dem Gehäuseboden. Silbernes Zifferblatt, aufgesetzte arabische Ziffern, Lanzenzeiger, kleine Sekunde bei 6 Uhr.

TECHNIK

Uhrwerk mit Handaufzug, Kaliber 9878, 19 Rubine, Glucydur-Unruh, Regulierung der aktiven Spiralfederlänge mittels Mikrometerschrauben (»Schwanenhals-Feinregulierung«) beim Jubiläumsmodell aus dem Jahre 1993.

Oben: Eine der ersten Portugieseruhren (ca. 1930). Links: Eines der 50 Exemplare der Portugieseruhr in Stahl, die zum 50. Jahrestag des Uhrengeschäftes Pisa in Mailand erzeugt wurden (1997).

Omega • Co-Axial

Visitenkarte

Herstellungsjahr
1999

Gehäuse
Gelbgold

Zifferblatt
Silbern

Uhrwerk
Mechanisch mit automatischem Aufzug, Chronometer

Funktionen
Stunden, Minuten, Sekunden und Datum im Fenster

Bewertung
☆

Die Co-Axial stellt eine interessante technische und innovative Entwicklung dar. Sie ist das Ergebnis der Zusammenarbeit zwischen Omega und George Daniels, einem der bedeutendsten Uhrmachermeister des 20. Jahrhunderts. Das Uhrwerk der Co-Axial repräsentiert die Summe der langjährigen Arbeit, die Daniels in die Verbesserung der Qualität mechanischer Uhrwerke investiert hat. Der wesentliche Fortschritt bestand in der Erfindung einer Vorrichtung, welche höchste Präzision ohne die geringste Schmierung zum Ziel hatte. Die Bezeichnung Co-Axial ergibt sich aus der besonderen Konstruktion der Hemmung, die aus zwei Rädern besteht – dem Kleinbodenrad und dem Co-Axialrad. Letzteres wird von zwei Rädern gebildet, die sich auf einer Achse befinden. Dadurch wird die durch die Räder erzeugte Reibung auf ein Minimum reduziert und es entfällt die Notwendigkeit, Schmiermittel für die bewegten Teile zu verwenden, wie dies bei der traditionellen Hemmung mit Schweizer Anker notwendig ist.

ÄSTHETIK

Gehäuse mit 38 mm Durchmesser, abgestufte Stege und Lünette, Aufzugskrone durch Flankenschutz geschützt. Silbernes Zifferblatt, geometrisch geformte Indizes und römische Ziffern, Leuchtlanzenzeiger, Datumsfenster bei 3 Uhr.

TECHNIK

Uhrwerk mit automatischem Aufzug, Kaliber Omega 2500, 27 Rubine, glatter Unruhreif mit Mikroschrauben aus Gold zur Präzisionsregulierung.

Constellation • Omega

Visitenkarte

Herstellungsjahr
ca. 1950

Gehäuse
Stahl

Zifferblatt
Silbern

Uhrwerk
Mechanisch mit automatischem Aufzug

Funktionen
Stunden, Minuten und Sekunden

Bewertung
☆

Der Chronometer Constellation steht im Hause Omega als Beispiel für Langlebigkeit und Präzision. Beliebtes Sammlerstück. Der Name – inspiriert durch die Schönheit des Universums der Gestirne – wird durch einen Stern repräsentiert, der sich auf dem Zifferblatt befindet. Dies und die Wahl eines automatischen Kalibers absoluter Qualität haben zum großen wirtschaftlichen Erfolg beigetragen. Die Besonderheit der ersten Constellation (der zahlreiche weitere Modelle gefolgt sind, u. a. einem als »Manhattan« bezeichneten Modell im Jahre 1982, welches das ästhetische Konzept der vier »Krallen« bei 3 und 9 Uhr eingeführt hat) besteht in ihrem Zifferblatt mit einem inneren kreisförmigen und einem äußeren kugelförmigen Teil, der in 12 Sektoren geteilt ist.

ÄSTHETIK
Gehäuse aus Stahl, Aufzugskrone mit rundem Profil. Zifferblatt mit innerem silbernen Sektor und äußerem Teil in einer Kontrastfarbe, geometrische Stundenindizes, Dauphine-Zeiger aus Stahl.

TECHNIK
Mechanisches Uhrwerk mit automatischem Aufzug, Kaliber 28.10 RA SC. Schwungmasse als Aufzugsvorrichtung.

Patek Philippe • Calatrava

Visitenkarte

Herstellungsjahr
ca. 1940

Gehäuse
Gelbgold

Zifferblatt
Schwarz

Uhrwerk
Mechanisch mit Handaufzug

Funktionen
Stunden, Minuten und Sekunden

Bewertung
☆☆

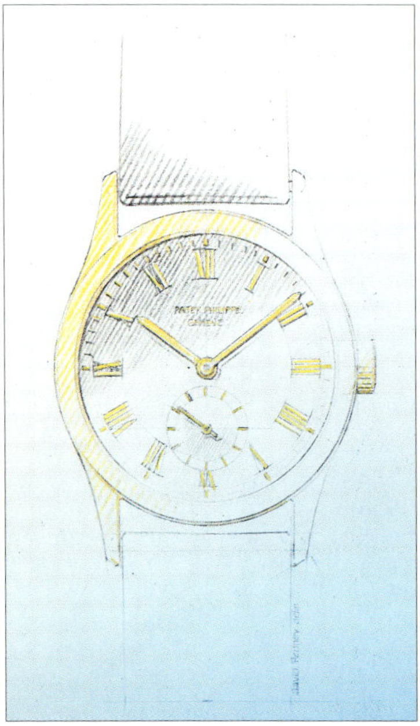

Die erste Calatrava, die Patek Philippe 1932 präsentierte, ist auch unter der Bezeichnung »Modell 96« bekannt. Diese klassisch geformte Uhr leitet ihren Namen vom Ritterorden Calatrava ab, der 1158 vom Abt Serrat in der gleichnamigen spanischen Stadt gegründet wurde, um die christliche Welt vor den Mauren zu schützen. 1934 erfuhr das »Modell 96« seine ersten ästhetischen Eingriffe. Die Lünette erhielt ein »Clous de Paris«-Dekor, das dann bei verschiedenen Modellen der folgenden Kollektionen erneut Anwendung fand. Von den im Laufe der langen Geschichte der Calatrava hergestellten Varianten verdienen vor allem die Uhren mit der Zentralsekunde Erwähnung. Die erste verfügte über ein Uhrwerk mit automatischem Aufzug (1953). Einige »komplizierte« Modelle, die in limitierter Auflage hergestellt wurden, unterscheiden sich durch einen Kalender – Voll- oder Ewiger Kalender – oder zusätzliche Anzeigen für eine oder mehrere Zeitzonen. Seit den 40er-Jahren wird die Familie der Calatrava durch eine Linie für die Damenwelt komplettiert, die einen etwas kleineren Gehäusedurchmesser als die Herrenmodelle aufweist. Die jüngsten Modelle haben die ästhetischen Ansprüche der Vergangenheit beibehalten, dabei aber einige technische Erneuerungen erhalten. So wurde das Plexiglas durch ein Saphirglas ersetzt, während das anfänglich nur staubdichte Gehäuse nun bei allen Uhren auch wasserdicht ist. Auch die bei der Calatrava verwendeten Mechanismen

Oben: Eine Zeichnung der Calatrava von Patek Philippe.
Rechts: Calatrava aus Gelbgold (ca. 1940).
Nächste Seite: Ein Exemplar mit Zentralsekunde.

haben eine bedeutende Entwicklung durchgemacht. Mit Beginn der 50er-Jahre wurde etwa die Gyromax-Unruh eingeführt (ein Patent von Patek Philippe). Die Calatrava gibt es in Platin, in den drei klassischen Goldfarben (Gelb, Weiß und Rot) und in Stahl. Letzteres Metall wurde nur sporadisch für die klassischen Modelle des Genfer Uhrenhauses verwendet und erfreut sich folglich unter Sammlern großer Beliebtheit.

ÄSTHETIK

Das »Modell 96« hat ein Gehäuse mit 31 mm Durchmesser und eine glatte Lünette (wird aufgrund des flachen Profils als »Münze« bezeichnet). Das im Allgemeinen weiße Zifferblatt gibt es bei einigen seltenen Modellen auch in Schwarz *(siehe Bild vorige Seite)*. Darauf befinden sich aufgesetzte arabische Ziffern (anstelle der klassischen Stabindizes) sowie »Dauphine«-Stunden- und Minutenzeiger und ein kleiner Sekundenzeiger bei 6 Uhr. Das Gehäuse der Calatrava weist stets eine runde Form auf und verfügt über zahlreiche ästhetische Elemente, wie etwa die »Clous de Paris«-Lünette bei einigen späteren Exemplaren.

TECHNIK

Es wurden zahlreiche Uhrwerke verwendet: Am häufigsten kamen dabei mechanische Werke mit automatischem Aufzug oder Handaufzug zum Einsatz. Es gibt aber auch Quarzmodelle (vor allem bei den Damenuhren).

Patek Philippe • Officier

Visitenkarte

Herstellungsjahr
1989

Gehäuse
Gelbgold

Zifferblatt
Weiß

Uhrwerk
Mechanisch mit Handaufzug

Funktionen
Stunden, Minuten und Sekunden

Bewertung
☆☆☆

Die geraden Stege mit abgerundetem Ende und Schraubstiften, die das Uhrband mit dem Gehäuse verbinden, sowie der mittels eines Scharniers am Mittelteil befestigte Gehäuseboden (Sprengdeckelboden) charakterisieren die Officier von Patek Philippe. Diese kam knapp nach der Jahrhundertwende auf den Markt und wurde vom Hersteller anlässlich der 150-Jahr-Feier seiner Firmengründung (1989) erneut gefertigt. Von den verschiedenen Jubiläumsserien in limitierter Auflage sticht vor allem das als Officier bezeichnete Referenzmodell 3960 hervor *(Bild unten)*, das auf internationalen Versteigerungen stets heiß begehrt ist. Von dieser Uhr wurden insgesamt 2200 Exemplare erzeugt (2000 in Gelbgold, 150 in Weißgold und 50 in Platin). Die Bezeichnung »Officier« erklärt sich durch den militärischen Bezug der ersten Exemplare, die auf besonderen Wunsch des Offiziersstabes der Armee erzeugt worden waren.

ÄSTHETIK
Gehäuse mit 33 mm Durchmesser, gerändelter Krone. Zifferblatt aus weißem Email und arabischer Breguet-Nummerierung. Kleines Zifferblatt für die Sekunden bei 6 Uhr, Breguet-Zeiger für die Stunden und Minuten aus brüniertem Stahl.

TECHNIK
Mechanisches Uhrwerk mit Handaufzug, 9 Linien, 18 Rubine.

Oyster Perpetual Chronometer • Rolex

Visitenkarte

Herstellungsjahr
ca. 1960

Gehäuse
Gelbgold

Zifferblatt
Schwarz

Uhrwerk
Mechanisch mit automatischem Aufzug

Funktionen
Stunden, Minuten und Sekunden

Bewertung
☆☆

An diesem Rolex Perpetual Chronometer sieht man das Oyster-Gehäuse in jener Version, die seit Beginn der 60er-Jahre die Produktion der klassischen Rolex Oyster charakterisiert. Dazu zählt die Linie »ohne Datum« (Oyster Perpetual und Air King) und »mit Datum« (Date und Datejust als häufigste Vertreter). Die Chronographen und die »Professional« (GMT, Submariner und Explorer) waren davon jedoch ausgenommen. Im Vergleich zu den früheren Ausführungen der 30er- und 40er-Jahre entwickelte sich diese Linie wesentlich behutsamer, der Gehäuseboden verlor seine typisch bauchige Form der als »Ovetto« bezeichneten Modelle. Er integrierte sich fast zur Gänze im Mittelteil, wodurch die typische Dicke der ersten Automatikuhren des Genfer Uhrenhauses verringert wurde.

ÄSTHETIK

Gehäuse in Tonneauform, Aufzugskrone und Gehäuseboden verschraubt. Schwarzes Zifferblatt mit Minutenkreis in Kontrastfarbe, aufgesetzte Indizes aus Gold, »Dauphine«-Stunden- und Minutenzeiger aus Gold.

TECHNIK

Uhrwerk mit automatischem Aufzug, 13 Linien, 17 Rubine, »Superbalance«-Unruh (mit diesem Begriff werden Unruhen aus antimagnetischem Material bezeichnet, die in sechs Lagen und bei unterschiedlichen Temperaturen reguliert sind – später durch die Glucydur-Unruh ersetzt), Breguet-Spirale.

Vacheron Constantin • Chronomètre Royal

Visitenkarte

Herstellungsjahr
1998

Gehäuse
Weißgold

Zifferblatt
Silbern

Uhrwerk
Mechanisch mit automatischem Aufzug

Funktionen
Stunden, Minuten und Sekunden

Bewertung
☆☆

Die Bezeichnung »Chronomètre Royal« gehört zum genetischen Kodex von Vacheron Constantin. 1907 erfolgte die Eintragung dieses Genfer Uhrenherstellers ins Handelsregister mit der folgenden Firmenbezeichnung: »Vacheron & Constantin – Chronomètre Royal«. Seit den 50er-Jahren bezeichnet die 1775 gegründete Manufaktur bestimmte klassische Modelle und ausgefallene mechanische Konstruktionen mit diesem Namen. Der hier vorgestellte Chronomètre Royal wurde 1998 präsentiert und unterscheidet sich durch die Eleganz seines Gehäuses, die runde Form und die Spiegelpolitur der Stege, des Mittelteils und der Lünette. Der Druckboden garantiert eine Wasserdichtheit bis 3 Atmosphären, was für den Alltagsgebrauch ausreichend sein sollte. Sportliche Aktivitäten hingegen könnten die Funktion einer typischen »Nicht-Taucheruhr« beeinträchtigen.

ÄSTHETIK

Gehäuse mit 34 mm Durchmesser. Silbernes Zifferblatt mit matter Oberflächenbearbeitung, aufgesetzte Stabindizes und römische Ziffern in Gold, Datumsfenster bei 3 Uhr, »Epée«-Zeiger aus Gold.

TECHNIK

Mechanisches Uhrwerk mit automatischem Aufzug, Kaliber Vacheron Constantin 1126, 33 Rubine.

FORMUHREN

In der Sprache der Fachleute werden all jene Modelle, deren Äußeres von der runden Form abweichen, als »Formuhr« bezeichnet. Als ob alle anderen »Formen« eine eigene Kategorie bilden würden, scheint aus einer Tradition heraus der Prototyp der Uhr die runde Bauweise zu sein. Diese Gewohnheit in der Uhrmacherkunst trägt jedoch einen Widerspruch in sich (die runde Form gilt als vorausgesetzt, während der gesamte Rest den jeweils eigenen Namen trägt), da die eleganteren Armbanduhren der ersten Generationen längliche Gehäuse vorzogen. Damit wollte man wahrscheinlich ein weiteres Zeichen der Unterscheidung als »Armbanduhr« setzen, die sich an und für sich bereits durch ihr Äußeres von den Taschenuhren deutlich absetzte. Der Grund dafür dürfte unter anderem auch in der Tatsache zu finden sein, dass in den ersten Jahrzehnten des 20. Jahrhunderts »moderne« Armbanduhren und traditionelle Taschenuhren (die Erben der Tradition des 19. Jahrhunderts) in der Gesellschaft ungefähr gleich beliebt waren.
Wie dem auch sei, die Uhrenliebhaber zeigten großes Interesse an diesen Uhren mit ihrer ausgeprägten ästhetischen Note. Diese Modelle haben außerdem den

Eines der ersten Reverso-Modelle von Jaeger-LeCoultre.

Cartier Tank Cintré in Platin aus dem Jahre 1924.

Vorteil – im Unterschied zu anderen selteneren und komplizierteren Modellen –, dass sie auch heute noch zu bestimmten Anlässen getragen werden können. Sie verleihen nämlich ihrem Träger einen Anflug von Exklusivität abseits von Angeberei. Es gibt aber noch einen weiteren Grund, der – abgesehen vom stets gültigen Prinzip der Kreativität – bestimmte Variationen auf dem Gebiet der Formen erklärt. Im Verlauf der 30er-Jahre setzte sich die Armbanduhr endgültig durch. Diese Epoche war wiederum besonders stark geprägt von den künstlerischen Vorstellungen, die unter der Bezeichnung Art Déco noch heute weltweit Anerkennung genießen. In der Kunst versuchte man eine definitive Loslösung vom stilistischen Mix der vorangegangenen Tradition des 19. Jahrhunderts zu erzielen und diese durch eine neue Ästhetik zu ersetzen, die auf geometrischer Strenge des Designs basierte. Diesen neuen Anspruch befriedigten vor allem Uhren – viel mehr noch als Schmuck – und sie wurden so zu einem der außergewöhnlichsten Vertreter dieses Stils. Die nachstehenden Beispiele geben Zeugnis von den außergewöhnlichen Kreationen des Art Déco, die Namen wie Cartier, Patek Philippe und Jaeger-LeCoultre tragen und sich zu großen Klassikern im künstlerischen Repertoire dieser großen Uhrenhersteller entwickelt haben. Aber das Ausbrechen aus der runden Form bedeutete noch lange nicht, dass ausschließlich rechteckige und quadratische Formen zum Einsatz kamen. Die Uhrmacherkunst hat es vielmehr verstanden, große Fantasie und Originalität zu entwickeln, wie die Tonneauform oder einfache Ellipsen.

Rechteckige Uhr • Audemars Piguet

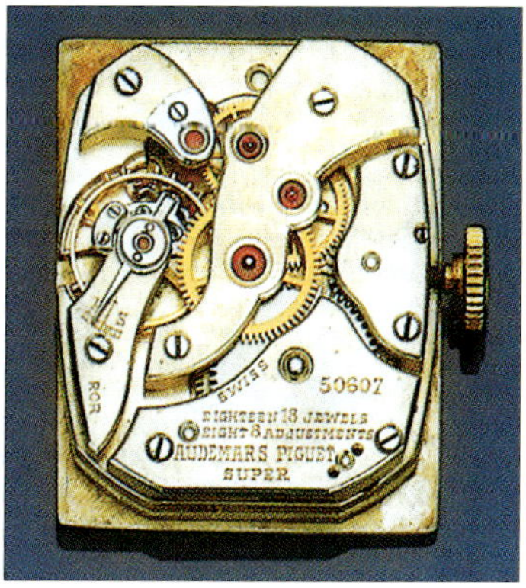

Von den Formuhren, die im Laufe der Geschichte dieser Manufaktur entstanden sind, wurde dieses Modell wegen seiner stilistischen Besonderheit ausgewählt: Das rechteckige Gehäuse steht im ungewohnten Gegensatz zu einem asymmetrischen Zifferblatt und Glas. Das in Platin ausgeführte Modell unterscheidet sich außerdem durch seine geometrisch geformten Stege und die Verwendung von Diamanten für die Stundenanzeige. Diese verleihen dieser Uhr einen Hauch von Eleganz. Auch der Schriftzug auf dem Zifferblatt weist auf eine weitere historische Besonderheit hin. Die unter dem Namen Audemars Piguet angeführte Stadt ist nicht Le Brassus, der eigentliche Sitz des Unternehmens, sondern Genf. Der Grund dafür liegt in der Eröffnung einer Filiale in dieser Stadt im Jahre 1885, die 1975 endgültig geschlossen wurde. Deshalb findet sich dieser Hinweis auch auf vielen anderen Zifferblättern von Uhren, die in diesem Zeitraum erzeugt wurden.

ÄSTHETIK
Rechteckiges Gehäuse, silbernes Zifferblatt mit Diamantindizes, kleine Sekunde bei 6 Uhr, Stabzeiger in Gold.

TECHNIK
Formwerk mit Handaufzug, Kaliber TS, 18 Rubine, monometallische Unruh, Breguet-Spirale.

Visitenkarte

Herstellungsjahr
1953

Gehäuse
Platin

Zifferblatt
Silbern

Uhrwerk
Mechanisch mit Handaufzug

Funktionen
Stunden, Minuten und Sekunden

Bewertung
☆☆

Cartier • Santos

Visitenkarte

Herstellungsjahr
ca. 1920

Gehäuse
Gelbgold

Zifferblatt
Weiß

Uhrwerk
Mechanisch mit Handaufzug

Funktionen
Stunden und Minuten

Bewertung
☆☆

Das Jahr 1911 stellt ein interessantes Datum für die Geschichte der Armbanduhren dar. Es markiert nämlich die »kommerzielle« Geburt der ersten Santos-Armbanduhr aus dem Hause Cartier (mit Ausnahme einiger Damenmodelle, die es bereits vorher gab). In Wirklichkeit reicht der Ursprung der Santos noch weiter zurück, da Louis Cartier das erste Exemplar bereits 1904 fertigte, um dem Wunsch des brasilianischen Milliardärs Alberto Santos-Dumont nachzukommen. Diese vielseitige Persönlichkeit mit ihrem häufig pittoresken und ausgefallenen Gehabe (er lebte in einem Haus mit übermäßig hohen Möbeln, um so dem Himmel näher zu sein) widmete sich mit großer Leidenschaft der Fliegerei und war ein Flugpionier. Während seiner Erkundungen erkannte Santos-Dumont die Notwendigkeit eines Zeitmessinstrumentes, das leichter zu handhaben war als die unbequeme Taschenuhr. Aus diesem Grund entwarf Cartier ein spezielles Modell für seinen »Fliegerfreund«. Ein Modell für das Handgelenk, das sich von seiner Ästhetik und seinen Funktionen her von den anderen Armbanduhren dieser Zeit unterschied, da diese nur die Umwandlung einer Taschenuhr in ein Armbandmodell darstellten. 1911 stellt dann den tatsächlichen Beginn der Produktion und des Verkaufs dieser legendären Uhr dar, während der Name »Santos-Dumont« in der Folge dann zu Santos wurde.
Der bemerkenswerte Erfolg der ersten Jahre hat die Santos das ganze Jahrhundert hindurch begleitet und Cartier dazu angeregt, eine ganze Kollektion rund um die Ästhetik dieses ersten Modells aus dem Jahre 1904 zu schaffen, mit Damen- und

Rechts: Cartier Santos in Platin der 90er-Jahre. Nächste Seite: Santos in Gelbgold (ca. 1920).

Herrenmodellen in verschiedenen Metallarten. 1978 erfolgte die Präsentation der Santos »Galbé«, bei der sich die traditionellen »Schrauben« der Lünette auch als Verzierung des Uhrbandes wiederfinden.

ÄSTHETIK
Mattiertes Gehäuse (Größe 25 x 35 mm), polierte Lünette, Saphir-Cabochon auf der Aufzugskrone. Weißes Zifferblatt, römische Ziffern für die Stunden, Breguet-Zeiger aus gebläutem Stahl.

TECHNIK
Uhrwerk mit Handaufzug, 18 Rubine, bimetallische Unruh, Breguet-Spirale. Regulierung in acht Lagen (6 Lagen bei zwei Temperaturen). Lange Jahre verwendeten die Santos-Modelle – wie viele andere Uhren der Marke Cartier – Uhrwerke von Jaeger oder der European Watch Company. Dabei handelt es sich um ein mit Jaeger verbundenes Unternehmen, das sich um die Modelle, die für den Export bestimmt waren, und um die Produktion hochwertiger Mechanismen kümmerte. In jüngster Zeit werden sowohl mechanische Uhrwerke mit Handaufzug und automatischem Aufzug als auch Quarzwerke eingesetzt.

Cartier • Tank

Visitenkarte

Herstellungsjahr
ca. 1920

Gehäuse
Platin

Zifferblatt
Silbern

Uhrwerk
Mechanisch mit Handaufzug

Funktionen
Stunden und Minuten

Bewertung
☆☆☆

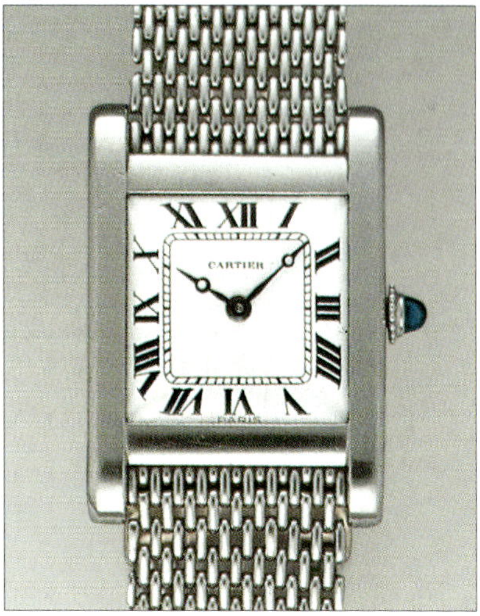

Die Tank von Cartier kann auch ein bisschen als Militäruhr angesehen werden, da sich Louis Cartier bei ihrem Entwurf an den einfachen und wesentlichen Linien der Panzerfahrzeuge des Ersten Weltkriegs orientierte – im Englischen *Tank* genannt. Die 1918 realisierte und im Folgejahr auf den Markt gebrachte Tank (die allerersten Exemplare überreichte Cartier einigen Offizieren des Amerikanischen Expeditionskorps in Europa) hob sich sofort durch ihre Maße und ihren eleganten und raffinierten Stil hervor. Tatsächlich konnte sie ob ihrer Größe sowohl von Damen als auch Herren getragen werden. Dies in einer Zeit, als Armbanduhren von ihrer Form und ihren Dimensionen her noch an Taschenuhren erinnerten. Der Erfolg der Tank während der folgenden Jahre wird noch durch zahlreiche Variationen unterstrichen, die ab den 30er-Jahren in den Handel kamen. Unter diesen die Tank Obus, deren Stege die Form eines Projektils aufwiesen, die Cintré mit länglichem Gehäuse und anatomischem Boden, die Tank Basculante und die Tank Saltarello.

ÄSTHETIK
Die Tank der 40er-Jahre hat ein kleineres Gehäuse mit einer Aufzugskrone, auf der ein Saphir-Cabochon sitzt. Das Uhrband ist aus Platin und das silberfarbene Zifferblatt weist römische Ziffern für die Stunden und Breguet-Zeiger aus Stahl auf.

TECHNIK
Uhrwerk mit Handaufzug, 18 Rubine, bimetallische Unruh, Breguet-Spirale.

Oben: Tank aus Platin (ca. 1920). Rechts: Tank Basculante aus dem Jahre 1932.

Duoplan • Jaeger-LeCoultre

Die Duoplan passt hervorragend in die Zeit der 30er-Jahre, als technische Experimente und Forschungsarbeiten die Uhrenhersteller dazu inspirierten, neue Lösungen für die Gehäuse und Mechanismen zu suchen. In diesem speziellen Fall realisierte LeCoultre ein Kaliber, bei dem sich die Teile des Mechanismus für den Handaufzug auf zwei Ebenen befinden. Die etwas kleinere »erste Ebene« beherbergt das Federhaus und das Räderwerk, während sich auf der »zweiten Ebene« die Hemmung und die Unruh befinden, die mit ihren 9 mm Durchmesser fast die gesamte Breite des Uhrwerks einnimmt. Diese Mechanik erlaubte sowohl den Einsatz bei Herren- als auch eleganten Damenuhren. Zusätzlich gab es einen »Wechselmotor«, der einen raschen Austausch des Uhrwerkes während der Garantiezeit ermöglichte. Eine weitere Besonderheit stellt die Position der Aufzugskrone auf dem Gehäuseboden dar, was zwar eher unpraktisch war, aber die für die Duoplan vorgesehene Form der Linien unterstrich.

ÄSTHETIK
Formgehäuse, gewölbtes Glas, Aufzugskrone auf dem Gehäuseboden. Schwarzes Zifferblatt, Indizes in arabischen Ziffern (bei 12 und bei 6 Uhr) in Stabform, Stabzeiger in Gelbgold.

TECHNIK
Mechanisches Uhrwerk mit Handaufzug, Kaliber LeCoultre 11BF/409, 17 Rubine, monometallische Unruh, selbstkompensierende Spiralfeder.

Visitenkarte

Herstellungsjahr
ca. 1920

Gehäuse
Stahl

Zifferblatt
Schwarz

Uhrwerk
Mechanisch mit Handaufzug

Funktionen
Stunden und Minuten

Bewertung
☆

Links: Duoplan Damenmodell in Stahl und mit Diamanten.
Unten: Duoplan mit ihrem »Ersatzmotor«.

Leroy • Automatik

Visitenkarte

Herstellungsjahr
1929

Gehäuse
Gelbgold

Zifferblatt
Champagner

Uhrwerk
Mechanisch mit automatischem Aufzug

Funktionen
Stunden, Minuten und Sekunden

Bewertung
☆☆☆

Die von Leroy gefertigte Uhr. Unten: Ein kleiner Teil der Automatik ist zu sehen.

Dieses Modell stammt aus Paris, der Wiege zahlreicher sehr talentierter Uhrmachermeister (in diesem Zusammenhang muss wieder einmal Abraham-Louis Breguet erwähnt werden, der seine Meisterwerke in seinem Atelier am Quai de l'Horloge, wenige Schritte von Notre-Dame entfernt, schuf), und gibt Zeugnis für einen wichtigen Schritt in der Geschichte der Armbanduhren. Dieses Exemplar von Leroy wurde seit 1922 in sehr geringer Stückzahl hergestellt und gilt als die erste Armbanduhr mit automatischem Aufzug. Die Grundlage dieser Vorrichtung besteht in einem runden Uhrwerk, das dank eines entsprechenden Systems die im Federhaus befindliche Feder aufzieht. Sie bedient sich dabei der Schwingungen, die von einer Masse in Gold von beträchtlicher Größe erzeugt wird (fast so groß wie das Gehäuse, in dem sich der Mechanismus befindet). Aufgrund der geringen Bewegungsfreiheit der Schwungmasse zog die Uhr die im Federhaus befindliche Feder nicht ausreichend auf. Sie wies außerdem einige strukturelle Mängel auf, die sich stark auf ihren Gang auswirkten. Leroy entschied sich deshalb, die Produktion einzustellen.

ÄSTHETIK

Polierte »Marquis«-Gehäuseform (Größe 25 x 40 mm) mit angeschweißten Stegen. Zifferblatt champagnerfarben, Nummerierung der Stunden mit arabischen Ziffern, kleine Sekunde bei 6 Uhr, Blattzeiger aus brüniertem Stahl.

TECHNIK

Mechanisches Uhrwerk mit automatischem Aufzug, 18 Rubine, bimetallische Unruh, Breguet-Spirale.

Polyplan • Movado

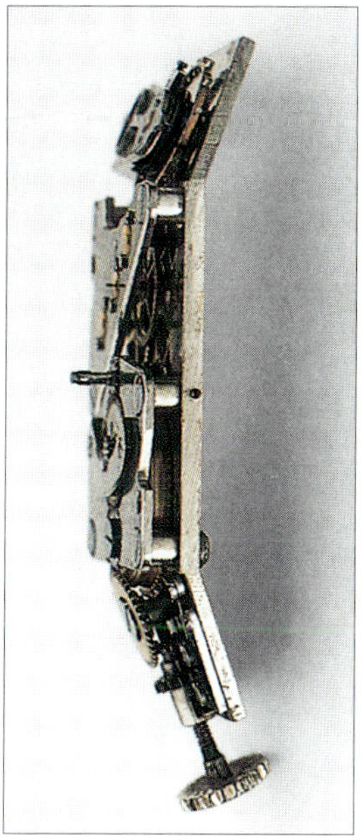

Die Polyplan von Movado, mit Sicherheit die Urform der Uhren mit gebogenem Gehäuse (mit der technischen Bezeichnung »Curvex«), erstaunt noch heute, viele Jahren nach ihrer Herstellung (1912) durch die gewagte Architektur ihres Mechanismus (Abbildung links). Zum Unterschied zu anderen Uhrwerken ist die Polyplan in drei Ebenen – oder besser gesagt Platinen – unterteilt. Das Räderwerk der Uhr befindet sich auf der Zentralplatine, während die anderen beiden abgewinkelten Platinen die Unruh und die Aufzugsorgane enthalten. Diese Lösung erforderte das Anbringen der Aufzugskrone bei 12 Uhr – eine nicht gerade bequeme Position, um das Uhrwerk täglich aufzuziehen. Die Ausführung dieses Modells erfolgte in Gold (mit unterschiedlichem Feingehalt) und in Silber. Als Gehäuseform kamen aufgrund des besonderen Mechanismus der Polyplan rechteckige oder längliche Tonneauformen zum Einsatz.

Visitenkarte

Herstellungsjahr
1915

Gehäuse
Gelbgold

Zifferblatt
Silbern

Uhrwerk
Mechanisch mit Handaufzug

Funktionen
Stunden, Minuten und Sekunden

Bewertung
☆☆

ÄSTHETIK

Rechteckige Gehäuseform, Krone bei 12 Uhr. Silbernes Zifferblatt, große arabische Ziffern für die Stunden, kleines Hilfszifferblatt für die Sekunden bei 6 Uhr, Stahlzeiger.

TECHNIK

Mechanisches Uhrwerk mit Handaufzug, 15 Rubine, bimetallische Unruh und Breguet-Spirale.

Patek Philippe • Chronometro Gondolo

Visitenkarte

Herstellungsjahr
ca. 1920

Gehäuse
Gelbgold

Zifferblatt
Weiß

Uhrwerk
Mechanisch mit Handaufzug

Funktionen
Stunden und Minuten

Bewertung
☆☆☆

Die Geschichte der »Gondolo« von Patek Philippe beginnt zwar bereits Ende des 19. Jahrhunderts, aber ihr großer Erfolg stellte sich erst Anfang des 20. Jahrhunderts ein. Die Bezeichnung selbst leitet sich von einem bekannten Uhrengeschäft in Rio de Janeiro – Gondolo & Labouriau – ab, da Patek Philippe alle für dort bestimmten Uhren mit der Bezeichnung »Chronometro Gondolo« versah (die zweite Hälfte »Labouriau« entfiel). Den anfänglichen Taschenuhrmodellen folgten um ca. 1915 die ersten Armbanduhren, wobei diese ihre Abstammung von Taschenuhren nicht verleugnen konnten. Später entstanden Formuhren mit rechteckigen, quadratischen oder tonnenförmigen Gehäusen.

Oben: Die charakteristische Hemmung mit Moustache-Anker und Schwanenhalsregulierung.
Rechts: »Gondolo« in Tonneauform.

Patek Philippe Gondolo in rechteckiger Form (ca. 1920).

Diese zeichneten sich vor allem durch ihre Ästhetik aus, mit ihren im Allgemeinen großen arabischen Ziffern und – bisweilen – guillochierten Zifferblättern. Vom technischen Standpunkt aus gesehen erwies sich die Gondolo als etwas Besonderes: Die Räder aus Gold, feinregulierung in »Schwanenhalsform«. Diese von Adrien Philippe 1881 patentierte Vorrichtung bestand aus einer schneckenförmigen Nocke, die mittels eines Schraubenziehers verstellt werden konnte. Das äußere Profil der Nocke berührte das leicht aufgebogene Ende der Gangregelung und ermöglichte es dem Uhrmacher, die aktive Spiralfederlänge durch Verstellen des Amplitudenwinkels und damit auch den Gang der Uhr zu verändern. Um ein zufälliges Verstellen während der Phase der Regulierung zu vermeiden, wurde das Ende der Gangregelung mit einer Feder versehen. Die Verstellung selbst erfolgt über einen Rückerzeiger und ein spezielles Zahnrad.

ÄSTHETIK
Rechteckige Gehäuseform (24 x 33 mm), weißes Zifferblatt mit ungewöhnlich geformten arabischen Ziffern rund um den ovalen Minutenkreis. Birnenzeiger aus Gold. Die Gondolo der vorigen Seite besitzt ein Tonneaugehäuse, ein silbernes Zifferblatt und goldene Zeiger.

TECHNIK
Mechanisches Uhrwerk mit Handaufzug, 12 Linien, 18 Rubine, Moustache-Hemmung (die Enden der Ankerarme erinnern mit ihrer ungewöhnlichen Form an einen Schnauzbart), bimetallische Unruh und Breguet-Spirale bei beiden abgebildeten Modellen.

Patek Philippe • Ellipse d'Or

Visitenkarte

Herstellungsjahr
1974

Gehäuse
Gelbgold

Zifferblatt
Blau

Uhrwerk
Mechanisch mit Handaufzug

Funktionen
Stunden und Minuten

Bewertung
☆☆

Das erste Modell von Patek Philippe mit elliptischem Gehäuse stammt aus dem Jahre 1968. Typisch für PP das blaue Zifferblatt. Bei diesem Verfahren wird die besondere Schattierung durch das Auftragen eines blauen Kobaltfilms unter Vakuum auf eine kleine Goldplatte erzielt, die als Unterlage für das Zifferblatt dient. Die Ellipse d'Or stand am Beginn einer Kollektion, die neben den Herren- auch Damenmodelle umfasste. Diese wiesen nicht nur verschiedene Farbschattierungen beim Zifferblatt auf, sondern wurden bisweilen auch mit Brillanten und anderen Edelsteinen verziert.

ÄSTHETIK
Die klassische Ellipse d'Or besitzt ein elliptisches Gehäuse mit blauem Zifferblatt und aufgesetzten Stabindizes sowie Stabzeiger in Gold.

TECHNIK
Das abgebildete Modell verfügt über ein Patek-Philippe-Kaliber 23-300 mit Handaufzug, 18 Rubine, Gyromatic-Unruh mit einer Frequenz von 19.800 Halbschwingungen pro Stunde sowie Breguet-Spirale. Die Ellipse-d'Or-Kollektion kennt auch Quarzmodelle.

Prince • Rolex

Die Prince-Kollektion, von Rolex ab 1929 in einer großen Vielzahl von Modellen hergestellt, weist als gemeinsames Merkmal die längliche rechteckige Form des Gehäuses auf. Sie gilt als ein Meilenstein in der Geschichte dieses Hauses aus Genf. Aufgrund ihres typischen Zifferblattes, das die Sekunden auf einem eigenen Zifferblatt anzeigt, wurde die Prince auch häufig als »Doctor's watch« bezeichnet. Ihr Stil mit leicht gebogenem Gehäuse – um sich besser dem Handgelenk anzupassen – und einer Geometrie der eleganten und klassischen Linien lässt eindeutig einen Bezug zum Art Déco erkennen. Eines der gelungensten Modelle ist dabei die Prince Brancard. Sie wurde in den 30er-Jahren produziert und unterscheidet sich durch die gewölbte Form des Gehäuses und durch ein Profil, das an die Flügel einer Möwe erinnert. Wie alle Form-Modelle reüssierte die Prince Brancard vor allem in England und Nordamerika, also in Ländern mit einer ausgeprägten Vorliebe für Uhren mit nicht runden Konturen. Da eben diese Märkte zu den Hauptmärkten der Prince Brancard zählten, weist sie Gehäuse meist mit einem sehr niederen Feingehalt – zwischen neun und 14 Karat – auf. Bei einigen Modellen sind der Körper in Gelbgold und die Seitenteile in Weißgold gefertigt. Einige besonders interessante Exemplare verfügen über ein »gestreiftes« oder »reliefiertes« Gehäuse, wo sich Streifen aus Weiß- und Gelbgold abwechseln und so eine ungewöhnlich ästhetische Note erzielt wird.

Visitenkarte

Herstellungsjahr
ca. 1930

Gehäuse
Weiß- und Gelbgold

Zifferblatt
Silbern

Uhrwerk
Mechanisch mit automatischem Aufzug

Funktionen
Stunden, Minuten und Sekunden

Bewertung
☆☆☆

Abgesehen von der Brancard umfasst die Prince-Kollektion eine breite Reihe von Modellen, die einige Jahrzehnte der Geschichte der Armbanduhren maßgeblich geprägt haben (die Prince wurde bis Anfang der 50er-Jahre hergestellt). Zu diesen zählen etwa die Prince Railway mit ihrer eigentümlichen stufenförmigen Kannelierung des Gehäuses oder die Classic mit ihrer strengen rechteckigen Form. Nicht zu vergessen sind die asymmetrischen Prince-Modelle, deren Profil sich im unteren Bereich des Gehäuses verjüngt und die anstelle des Zifferblattes für die Sekunde ein Reliefschild besitzen, um dort das

Oben und nächste Seite: Zwei Versionen der Prince in Weiß- und Gelbgold (ca. 1930). Links: Das Uhrwerk neben dem Gehäuse.

eigene Monogramm eingravieren lassen zu können. Für die Damenwelt gibt es ein eigenes Modell mit der Bezeichnung Princess.

ÄSTHETIK
Die Prince Brancard unterscheidet sich durch ihr seitlich gewölbtes Gehäuse. Das silberne Zifferblatt verfügt über die so genannte »Duodial«-Anzeige der Stunden und Minuten: Die obere Hälfte ist für die Anzeige der Stunden und Minuten mittels Blattzeiger vorgesehen, mit arabischen Ziffern bei 3, 6, 9 und 12 Uhr. In der unteren Hälfte befindet sich das Zifferblatt für die Sekunden.

TECHNIK
Uhrwerk mit Handaufzug aus dem Hause Rolex. Der Mechanismus der hier vorgestellten Prince Brancard besticht durch seine »Baguetteform«, 17 Rubine, »Ultra Prima«-Unruh (diese Bezeichnung weist auf eine Regulierung in sechs Lagen und bei verschiedenen Temperaturen hin), die Hemmung mit seitlichem Anker (ein sehr ungewöhnliches Ankerprofil, bei dem sein Drehmittelpunkt gemeinsam mit dem des Hemmungsrades und der Unruhwelle die Punkte eines Dreiecks bilden).

Ato • Rolls

Visitenkarte

Herstellungsjahr
ca. 1930

Gehäuse
Weißgold

Zifferblatt
Silbern

Uhrwerk
Mechanisch mit automatischem Aufzug

Funktionen
Stunden und Minuten

Bewertung
☆

Diese Uhr, auf der Grundlage eines Patentes von Léon Hatot entwickelt, zählt zu den ersten Armbandmodellen mit automatischem Aufzug. Die seit 1930 produzierte Rolls kam in einer Zeit auf den Markt, als die Uhrmacher nach technischen Lösungen für einen automatischen Aufzugsmechanismus anstelle der Aufzugskrone suchten. Die Rolls verwendete dabei eine einzigartige Vorrichtung: Ihr rechteckiges Uhrwerk wurde auf Kugeln gelagert und bewegte sich ständig in zwei seitlichen Rillen. Die durch dieses ständige Hin- und Hergleiten erzielte Energie ermöglichte es, die im Federhaus befindliche Zugfeder aufzuziehen. Die Rolls wurde in ein ungewöhnliches Äußeres verpackt. Das Zifferblatt ist auf dem Uhrwerk befestigt und macht folglich dessen ständige Bewegungen mit.

ÄSTHETIK
Rechteckiges Gehäuse (Größe 18 x 37 mm) mit Scharnierverschluss und angeschweißten Stegen. Silbernes Zifferblatt, aufgesetzte arabische Ziffern, Stahlzeiger.

TECHNIK
Mechanisches Uhrwerk mit automatischem Aufzug, rechteckige Form, 15 Rubine, aufgeschnittene bimetallische Unruh, Breguet-Spirale.

Vacheron Constantin • Carré Galbé

Visitenkarte

Herstellungsjahr
ca. 1950

Gehäuse
Gelbgold

Zifferblatt
Silbern

Uhrwerk
Mechanisch mit automatischem Aufzug

Funktionen
Stunden, Minuten und Sekunden

Bewertung
☆☆

Diese faszinierende Kreation mit ihrem stufenförmigen Carré-Galbé-Gehäuse (so werden Gehäuse mit einem quadratischen Profil und abgerundeten Ecken bezeichnet) steht bei Uhrenliebhabern hoch im Kurs. Ende der 50er- und Anfang der 60er-Jahre produziert, erfolgte in den 90er-Jahren eine Neuauflage. Die meisten Modelle besitzen das für die 40er-Jahre typische Formgehäuse und sind mit mechanischem Uhrwerk mit automatischem Aufzug ausgestattet. Die Carré Galbé von Vacheron Constantin gibt es auch in Rosé- und Weißgold und mit Handaufzug.

ÄSTHETIK

Formgehäuse (35 mm Breite und 43 mm Länge). Silbernes Zifferblatt, aufgesetzte Goldindizes in quadratischer und dreieckiger Form, Stabzeiger in Gold.

TECHNIK

Uhrwerk mit automatischem Aufzug, 17 Rubine, monumetallische Unruh, selbstkompensierende Breguet-Spirale, »Butée«-Schwungmasse (die Masse wird während der Schwingungen durch einen entsprechenden Begrenzer gestoppt. Dieser zwingt sie, einen bestimmten Verlauf zu nehmen und mittels zweier seitlich angebrachter Federn jene Stöße zu dämpfen, welche die Masse selbst erleidet).

SCHMUCKUHREN

Wahrscheinlich steht kein Objekt mehr im Mittelpunkt des Designs als die Uhr, die – so wie ihre Funktionen – einem ständigen Wandel unterworfen ist. Ihre eigentliche Aufgabe besteht darin, die verstreichende Zeit anzuzeigen. Zu diesem Zweck verfügt sie über ein System von Zeigern, Indizes und Ziffern. Diese wiederum befinden sich auf einem Zifferblatt und in einem Gehäuse, das mittels eines Leder- oder Metallbandes am Handgelenk getragen wird. Damit könnte man streng funktional gesehen das Wesen der Uhr beschreiben. Dem ist aber nicht so, da es sich hier auch um einen emotionellen und nicht nur rein praktischen Gegenstand handelt. Klarerweise wurde dieser Aspekt von den Uhrmachern stets hervorgehoben, wobei gerade die Armbanduhren die ästhetische Komponente stark gefördert haben. Es besteht nämlich kein Zweifel, dass gerade diese Form mehr als alle früheren Zeitmesser einen direkten Bezug zum Charakter, Geschmack, Lebens- und Modestil ihres Trägers hat. Dies erklärt zumindest zum Teil die Gründe, warum die Armbanduhr so bedeutende stilistische Entwicklungen durchgemacht hat. Neben anderen Ursachen hat vor allem ihre Attraktivität die Entwicklung eines Sammlermarktes begünstigt.
Die ersten künstlerischen Variationen betrafen die Wahl zwischen einer runden oder viereckigen Form (rechteckig oder quadratisch). In einigen Fällen wurde dieses Prinzip, das eigentlich absolut unumgänglich zu sein scheint, noch abgewandelt: So entstanden die asymmetrischen Gehäuse (Patek Philippe um 1960; Cartier um 1990) oder solche mit auffälligen ringförmigen Verzierungen der Lünette (Vacheron Constantin um 1950). In anderen Fällen wiederum stand das Zifferblatt im Zentrum des Interesses.

Links: »Springende Stunde« von Patek Philippe mit der Signatur Tiffany & Co. Nächste Seite: Patek Philippe mit raffinierter Skelettierung und Verzierung.

Der starke künstlerische Aspekt trifft auch auf die als »Springende Stunde« bezeichneten Modelle zu. Diese mechanischen Uhren verfügen über Fenster, welche die jeweilige Uhrzeit mittels Ziffern (Stunden und Minuten, bisweilen auch Sekunden) anzeigen, die auf Scheiben angebracht sind. Dieses um 1920 entwickelte System kann in gewisser Weise als Vorgänger der Flüssigkristallanzeige der ersten elektronischen Uhren (um 1970) angesehen werden. Bei den traditionellen Modellen kommt dieser »digitalen« Anzeige jedoch rein künstlerischer Wert zu. Das Hauptaugenmerk galt nämlich dem Gehäuse, wobei die Ziffern lediglich als eine Art »stehendes Bild« der verstreichenden Zeit angesehen wurden.
Aber die künstlerische Tradition der Uhrmacherei birgt auch noch andere Überraschungen: Von der Wahl spezieller Zifferblätter aus Hartgestein (Piaget, ca. 1970) bis zum Bergkristall, was einen direkten Blick auf das Uhrwerk erlaubt (Corum, ca. 1980). Dazu kommen noch raffinierte Bearbeitungen in Email mit »Jalousien«, die sich auf Knopfdruck über dem Zifferblatt schließen (Vacheron Constantin, ca. 1930).

Springende Stunde • Audemars Piguet

Visitenkarte

Herstellungsjahr
ca. 1926

Gehäuse
Gelbgold

Zifferblatt
Silbern

Uhrwerk
Mechanisch mit Handaufzug

Funktionen
Stunden, Minuten und Sekunden

Bewertung
☆☆☆

Die als »Springende Stunde« bezeichneten Zeitmesser stellen eine ungewöhnliche Form dar. Anstelle der traditionellen Stunden- und Minutenzeiger erfolgt hier eine digitale Anzeige der Uhrzeit. Diese besonderen Uhren zählten stets zur Domäne der Manufaktur Audemars Piguet, die seit den 20er-Jahren zahlreiche derartige Exemplare auf den Markt brachte. Hier befinden sich die Ziffern auf einer Scheibe, wobei die genaue Uhrzeit in einem Fenster abzulesen ist (der Übergang von einer Stunde zur nächsten wird als Sprung bezeichnet). Das hier vorgestellte Exemplar in Gelbgold aus den 20er-Jahren unterscheidet sich durch sein gemischtes digital-analoges System, da die Minuten durch einen Zeiger angegeben werden. Das Konzept der »Springenden Stunde« erfuhr nach langen Jahren der Vergessenheit bei den Quarzuhren eine erneute Anwendung in moderner Form. Deren digitale Anzeige und Flüssigkristalldisplays sind jedoch nur eine logische Folge der elektronischen Technologie. Die Modelle von früher verwendeten diese Technik hingegen rein aus künstlerischen Gründen.

ÄSTHETIK
Rechteckiges Gehäuse, weißes Zifferblatt, Fensterchen für die Anzeige der Stunden bei 12 Uhr, Nummerierung in arabischen Ziffern für die Minuten, kleine Sekunde bei 6 Uhr. Minuten-Stabzeiger.

TECHNIK
Mechanisches Uhrwerk mit Handaufzug, GHSM-Kaliber, 17 Rubine, bimetallische Unruh, Breguet-Spirale.

Audemars Piguet • Star Wheel

Visitenkarte

Herstellungsjahr
1991

Gehäuse
Gelbgold

Zifferblatt
Guillochiertes Gold und Weiß

Uhrwerk
Mechanisch mit automatischem Aufzug

Funktionen
Stunden und Minuten

Bewertung
☆☆

Die Star Wheel ist das Ergebnis technischer Forschungsarbeiten, bei denen dem künstlerischen Element ein beträchtlicher Stellenwert zukam. Audemars Piguet wollte damit ein völlig neues System für die Anzeige der Uhrzeit vorstellen, das sich deutlich von den herkömmlichen analogen und digitalen Modellen unterscheidet. Die Zeiger sind durch Saphirscheiben ersetzt, die in einem Abstand von 120° voneinander angebracht sind und die Stundenindizes tragen: Auf der ersten Scheibe befinden sich die Ziffern 1, 4, 7, 10, auf der zweiten 2, 5, 8, 11 und auf der dritten 3, 6, 9, 12. Die Nummerierung erfolgte in arabischen Ziffern. Diese Scheiben werden durch einen kunstvollen Mechanismus angetrieben und vollführen alle drei Stunden eine volle Umdrehung. Der äußere Kreis beherbergt im oberen Teil ein weißes Band mit einer 60-teiligen Skala für die Minuten. Die Stunde wird durch jene Ziffer angegeben, die im weißen Feld zu sehen ist, während die Minuten auf der Skala durch das Dreieck über der Ziffer angezeigt werden.

ÄSTHETIK

Gehäuse in drei Teilen mit abgestufter Lünette, Saphirglas. Das Zifferblatt besteht aus einem Band in guillochiertem Gold und drei Saphirscheiben mit den Stundenindizes.

TECHNIK

Uhrwerk mit automatischem Aufzug, Kaliber Audemars Piguet 2124/2812, 33 Rubine, monometallische Unruh, Mikrometerregulierung, Gangreserve von 48 Stunden.

Riviera • Baume & Mercier

Visitenkarte

Herstellungsjahr
um 1993

Gehäuse
Gelbgold

Zifferblatt
Silbern

Uhrwerk
Quarzelektronik

Funktionen
Vollkalender

Bewertung
☆

Dieses traditionsreiche Haus mit seiner besonderen Beziehung zu Designeruhren hat es stets verstanden, kontinuierlich stilistische Neuerungen mit qualitativ hochwertiger Mechanik zu verbinden. 1973 kam die Riviera von Jean-Claude Guelt auf den Markt: Sie unterstreicht mit der zwölfeckigen Lünette das Thema der 12 Stunden in präziser geometrischer Form. Die Linie, die zeitlos ist und ihren 20. Geburtstag (1993) mit abgebildetem Exemplar feierte, ist das stärkste Plus der Riviera des Genfer Uhrenhauses, das 1918 von William Baume und Paul Mercier gegründet wurde und sich im Laufe des 20. Jahrhunderts durch seine bisweilen unkonventionellen, aber stets feinen Kollektionen auszeichnet.

ÄSTHETIK

Gehäuse mit 33 mm Durchmesser, zwölfeckiger Lünette, Uhrband aus Metall. Bei der Riviera wechseln sich polierte und satinierte Flächen ab. Silbernes Zifferblatt, aufgesetzte Indizes, analoge Anzeige des Datums (kleines Zifferblatt bei 3 Uhr), der Wochentage (bei 9 Uhr) und der Monate (bei 12 Uhr), Stabzeiger.

TECHNIK

Quarzwerk. Die Riviera-Kollektion, 1973 mit einem Diapason-Quarzwerk erstmals auf dem Markt, verfügt auch über mechanische Modelle mit automatischem Aufzug.

Corum • Golden Bridge

Visitenkarte

Herstellungsjahr
1980

Gehäuse
Gelbgold

Zifferblatt
Bergkristall

Uhrwerk
Mechanisch mit Handaufzug

Funktionen
Nur Zeitanzeige

Bewertung
☆☆

Seit der Gründung im Jahre 1955 durch René Banwart hat das Schweizer Uhrenhaus Corum niemals versucht, klassische Modelle anderer Hersteller zu imitieren. Angesichts der jungen Geschichte dieses Unternehmens und des reichhaltigen Repertoires an unterschiedlichen Armbanduhren wäre ein solcher Weg nur zu verständlich gewesen. Banwart entschied sich jedoch dafür, ausschließlich auf die ästhetische Komponente zu setzen. Es entstanden auf diese Weise unkonventionelle Modelle, die bis an die Grenze der Extravaganz gingen. Ein Ergebnis dieses Bemühens stellt die Golden Bridge dar, die in Zusammenarbeit mit dem Italo-Schweizer Vincent Calabrese entwickelt wurde. Der Name enthüllt bereits den Grundgedanken dieser Kreation: Ein stabförmiges Uhrwerk, das sowohl durch seine außergewöhnliche Form als auch durch die Miniaturisierung der einzelnen Elemente und ihre sichtbare vergoldete Brücke besticht. Das Ganze wird von einem rechteckigen Gehäuse aus Bergkristall mit Goldrand umgeben.

ÄSTHETIK
Rechteckiges Gehäuse aus Gold, Zifferblatt und Boden aus Bergkristall. Die Indizes fehlen, Stabzeiger aus Gold.

TECHNIK
Mechanisches Uhrwerk mit Handaufzug in Baguette-Form, zur Gänze mit der Hand fein gearbeitet und verziert.

Rolls-Royce • Corum

Von dieser Uhr wurden 143 Stück hergestellt. Sie ist ebenso selten und exklusiv (wenn auch unter anderen Gesichtspunkten) wie jene Luxuslimousine, deren Namen sie trägt. Diese Uhren aus dem Hause Corum bestechen durch die außergewöhnliche Form ihres Gehäuses in Weißgold, das die Kühlerverkleidung des bekanntesten Autos der Welt – des Rolls-Royce – wiedergibt. Es handelt sich dabei aber keineswegs um eine einfache Imitation oder freie Stilisierung, sondern um die exakte Verkleinerung der imponierenden Formen dieses Karosserieteils aus der Goldenen Ära des englischen Automobilbaus. Natürlich darf auch die Kühlerfigur in Form der »Spirit of Ecstasy« nicht fehlen, die hier den oberen Steg schmückt. Eine außergewöhnliche Leistung, die zur Gänze auf äußerst exklusive Extravaganz abzielt, auch wenn das Haus Corum (trotz seiner erst kurzen Geschichte angesichts des Gründungsjahres 1955) für solche Arbeiten geradezu prädestiniert zu sein scheint. Die Kreationen stehen für luxuriöse Originalität: Etwa ein rechteckiges Modell, dessen Zifferblatt die exakte Miniaturisierung der in unterirdischen Panzerschränken von Banken aufbewahrten Goldbarren darstellt; oder Uhren mit Zifferblättern aus echten Pfauenfedern oder aus Meteoriten.

ÄSTHETIK
Gehäuse aus Weißgold, das die Kühlerverkleidung eines Rolls-Royce zeigt. Schwarzes, durch das Gehäuse halb verborgenes Zifferblatt mit großen Stabzeigern.

TECHNIK
Die Uhr wird durch ein mechanisches Uhrwerk von Frédéric Piguet mit Handaufzug (9 Linien) angetrieben.

Visitenkarte

Herstellungsjahr
1976

Gehäuse
Weißgold

Zifferblatt
Schwarz

Uhrwerk
Mechanisch mit Handaufzug

Funktionen
Stunden und Minuten

Bewertung
☆☆

Die Rolls-Royce von Corum in Weißgold. Als raffiniertes Pendant gibt es dazu passende Manschettenknöpfe.

Gérald Genta • Les Fantasies

Visitenkarte

Herstellungsjahr
ca. 1990

Gehäuse
Gelbgold

Zifferblatt
Perlmutt und polychromes Email

Uhrwerk
Mechanisch mit automatischem Aufzug

Funktionen
Stunden und Minuten

Bewertung
☆

Kreativität kann bisweilen auch ins ironisch Unterhaltsame abgleiten. Dies war wahrscheinlich bei Gérald Genta der Fall, als er sich entschied, die Zifferblätter bestimmter Uhren mit Figuren aus den ersten Walt-Disney-Comics zu schmücken. Diese Serie erlangte unter der Bezeichnung »Les Fantasies« Berühmtheit und bot eine besondere Bühne für die Auftritte von Mickey Mouse – aber auch Minnie und Donald Duck. Verantwortlich dafür zeichnete ein Mann, der als einer der pointiertesten Stilisten auf dem Gebiet der Armbanduhren im 20. Jahrhundert gilt. Man darf auch nicht vergessen, dass der Name Gérald Genta nicht nur für eine eigene hochwertige Uhrenmarke steht, sondern dass dieser Künstler auch Klassiker wie die Nautilus von Patek Philippe oder die Royal Oak von Audemars Piguet geschaffen hat. Die von ihm verwendeten, weltweit bekannten Zeichentrickfiguren bestehen aus polychromem Email und zieren das Zentrum des Zifferblattes. Die äußerst eleganten Uhren sind leicht an ihrer typisch achteckigen Form (typisches Erkennungsmerkmal für die von Gérald Genta geschaffenen Produkte) und die Ausführung in Gold zu erkennen. Damit wollte der Künstler auch den möglichen Eindruck eines billigen »Werbegeschenkes« vermeiden und vielmehr einen gewissen »Popart-Effekt« erzielen.

ÄSTHETIK
Achteckiges Gehäuse in Gelbgold, facettiertes Saphirglas. Zifferblatt aus Perlmutt mit Darstellung von Mickey Mouse in der Mitte, deren Arme als Stunden- und Minutenzeiger fungieren. »Chemin de fer«-Uhrwerk und römische Indizes in schwarzer Farbe.

TECHNIK
Mechanisches Uhrwerk mit automatischem Aufzug.

Mickey Mouse • Ingersoll

Visitenkarte

Herstellungsjahr
ca. 1940

Gehäuse
Verchromtes Metall

Zifferblatt
Weiß

Uhrwerk
Mechanisch mit Handaufzug

Funktionen
Stunden und Minuten

Bewertung
☆

Die Beispiele mit Protagonisten aus Zeichentrickfilmen, die von Genta als ironische Interpretation von Luxusuhren gedacht war, stellen eine typisch amerikanische Erfindung dar. Erstmals erschienen sie in den 30er-Jahren und wurden anfänglich von Ingersoll hergestellt. Sie bestanden aus einem mechanischen Urwerk mit Handaufzug und kosteten relativ wenig. Die Zielgruppe waren nämlich Kinder, die durch eine einfache Anzeige auf spielerische Weise das Ablesen der Uhrzeit lernen sollten. Die Serie begann mit der Darstellung der Mickey Mouse auf dem Zifferblatt mit ihren typischen Armen, welche die Stunden und Minuten anzeigten. Die Uhren wurden von Ingersoll sowohl als Armband- als auch als Taschenuhr angeboten. An die zwei Millionen Stück gingen in den ersten beiden Jahren über die Ladentische. Nach diesem gewaltigen Erfolg fanden auch weitere Figuren aus dem Hause Walt Disney, wie etwa Donald Duck, Dick Tracy, Superman oder Popeye ihren Weg auf die Zifferblätter. Dazu kamen noch verschiedene Gehäuseformen.

ÄSTHETIK
Verchromtes Metallgehäuse in Tonneauform. Weißes Zifferblatt, arabische Ziffern in roter Farbe zur Anzeige der Stunden.

TECHNIK
Mechanisches Uhrwerk mit Handaufzug.

LeCoultre • Mystery

Visitenkarte

Herstellungsjahr
1955

Gehäuse
Weißgold

Zifferblatt
Weiß

Uhrwerk
Mechanisch mit Handaufzug

Funktionen
Stunden und Minuten

Bewertung
☆☆

Die Marke LeCoultre genießt bei Sammlern hohes Ansehen, da sie diese berechtigter Weise mit der bekannten helvetischen Manufaktur Jaeger-LeCoultre in Verbindung bringen. Zwar erfolgte der Zusammenschluss dieser beiden bedeutenden industriellen Betriebe (dem während der ersten Hälfte des 19. Jahrhunderts von Antoine LeCoultre gegründeten Unternehmen und jenem des französischen Uhrmachers Edmund Jaeger) bereits um 1930, aber es wurden auch danach immer wieder Uhrenmodelle mit jeweils nur einer Firmenbezeichnung auf den Markt gebracht. Dies trifft auch auf diese Kreation zu, die ein ausgefallenes mechanisches Konzept mit exquisiter Ausführung verbindet. Hinter ihrer Funktionsweise und in der Folge auch ihrer Ästhetik steht das Bild einer »mysteriösen« Uhr. Diese Art von Zeitangabe kam bereits bei Tischuhren zur Anwendung, war aber hier zum ersten Mal bei einer Armbanduhr zu finden. Anstelle der Zeiger bewegt der Zeigermechanismus zwei Scheiben, die die Minuten und Stunden mit Brillanten anzeigen. Auch die Indizes sind in Brillanten ausgeführt.

ÄSTHETIK
Rundes Gehäuse in Weißgold. Das Zifferblatt besteht aus zwei Drehscheiben, die Anzeige der Stunden und Minuten erfolgt mittels zweier verschieden großer Diamanten, die Indizes selbst bestehen aus Diamanten.

TECHNIK
Mechanisches Uhrwerk mit Handaufzug, Jaeger-LeCoultre Kaliber 480, 17 Rubine.

Springende Stunde • Marvin

Diese Art von Zeitmesser wird im Uhrmacherjargon als »Springende Stunde« bezeichnet. Das System kommt ohne Zeiger aus. Statt dessen treiben das Kleinboden-, Minuten- und Sekundenrad Scheiben an, auf denen sich die Ziffern befinden und in entsprechend angebrachten Fenstern die genaue Uhrzeit anzeigen. Die Entwicklung der so genannten »Springenden Stunde« war mehr das Ergebnis ästhetischer Studien als eine Frage der Technik, da dadurch die Struktur des Gehäuses in den Mittelpunkt gestellt werden konnte. Die Oberseite des Gehäuses ist an bestimmten Stellen kunstvoll durchbrochen, um ein Ablesen der Uhrzeit zu ermöglichen.

ÄSTHETIK
Rechteckiges Gehäuse in Gelbgold. Zifferblatt in Gold mit drei Fenstern für die digitale Anzeige der Stunden, Minuten und Sekunden. Römische Ziffern und eingravierte Signatur auf dem Zifferblatt.

TECHNIK
Mechanisches Uhrwerk mit Handaufzug. Anzeige der Stunden, Minuten und Sekunden auf Drehscheiben.

Visitenkarte

Herstellungsjahr
ca. 1930

Gehäuse
Gelbgold

Zifferblatt
Gelbgold

Uhrwerk
Mechanisch mit Handaufzug

Funktionen
Stunden, Minuten und Sekunden

Bewertung
☆☆

Patek Philippe • Zifferblatt in Email

Visitenkarte

Herstellungsjahr
ca. 1950

Gehäuse
Gelbgold

Zifferblatt
Mehrfarbiges Cloisonné-Dekor

Uhrwerk
Mechanisch mit Handaufzug

Funktionen
Stunden, Minuten und Sekunden

Bewertung
☆☆☆☆

Zweifellos wirkt die dekorative Technik des Emaillierens bei Gegenständen aller Art äußerst suggestiv. Dies gilt vor allem bei Armbanduhren, da hier sehr kleine Oberflächen verziert werden – im Gegensatz etwa zu den Tabatieren oder Gehäusen der Taschenuhren des 18. und 19. Jahrhunderts. Diese besondere Technik stellt bereits für sich einen Vorgang dar, der große Kunstfertigkeit und Konzentration verlangt. Bei Armbanduhren entwickelt sie sich nun zur Kunst der Miniaturisierung. Nicht zufällig entschied sich ein so aristokratisches Haus wie Patek Philippe dazu, eine seiner Kollektionen von Zeitmessern auf diese Weise zu verzieren. Dabei erwies sich die Wahl exotischer Objekte als sehr geglückt, da gerade diese Motive es ermöglichen, die gesamte farbliche Vielfalt des Emaillierens zur Geltung zu bringen. Das Ganze wird noch durch den Einsatz der Cloisonné-Technik unterstrichen, die einen zarten, mit der Hand modellierten Goldfaden als Umrandung der Muster vorsieht. Die Methode findet gerade bei kunstsinnigen Uhrenliebhabern großen Anklang, da sie das Spiel der Farben betont. Die Indizes sind so angebracht, dass sie auf dem Zifferblatt wie der Rahmen einer außergewöhnlichen Miniatur wirken.

ÄSTHETIK

Rundes Gehäuse in Gelbgold. Das Zifferblatt stellt eine exotische Landschaft in Cloisonné-Dekor dar. Römische Indizes und Stabzeiger in Gold.

TECHNIK

Mechanisches Uhrwerk mit Handaufzug, Kaliber 27SC Patek Philippe, 18 Rubine und Breguet-Spirale beim abgebildeten Modell.

Modell von Patek Philippe um 1950 mit Zifferblatt in Cloisonné-Dekor (exotische Abbildung).

Per Verger • Vacheron Constantin

Die Familie Verger, die seit 1872 in Paris als Lieferant und Hersteller wertvoller Schmuckgegenstände arbeitete, hatte in den 20er-Jahren des 20. Jahrhunderts die Konzession von Vacheron Constantin erworben. Einige Jahre danach – wir schreiben das Jahr 1930 – gab diese bekannte Juwelierdynastie Zeitmesser mit speziellem Design in Auftrag. Das ehrwürdige Uhrenhaus in Genf bemühte sich, diesen Wunsch zu erfüllen. So entstand ein Modell, das deutlich vom damals modernen Art Déco (große Strenge und formale Reinheit) inspiriert war. Die Uhr von Vacheron Constantin mit quadratischem Gehäuse in zweifarbigem Gold zeigt auf den ersten Blick die ihr innewohnende Originalität. Das Zifferblatt ist nämlich hinter einer Art kunstvoller Miniatur-Jalousie verborgen. Um diese zu öffnen und einen Blick auf das eigentliche Zifferblatt zu werfen, wurde ein System ausgetüftelt, das über eine bei 9 Uhr angebrachte Krone aktiviert wird. Bemerkenswert sind auch die Indizes und die auf dem Zifferblatt befindlichen Ziffern, deren Grafik einmal mehr die raffinierte ästhetische Wahl, beeinflusst durch das Art Déco, unterstreicht.

ÄSTHETIK
Quadratisches Zifferblatt in Weiß- und Gelbgold, Aufzugskrone und Krone für das Öffnen der Jalousie. Dreieckige Indizes und arabische Ziffern auf der Oberseite des Gehäuses, Kathedral-Zeiger.

TECHNIK
Mechanisches Uhrwerk mit Handaufzug, rhodiniert, 15 Rubine, bimetallische Unruh.

Visitenkarte

Herstellungsjahr
1930

Gehäuse
Gelb- und Weißgold

Zifferblatt
Silbern

Uhrwerk
Mechanisch mit Handaufzug

Funktionen
Stunden und Minuten

Bewertung
☆☆☆

ELEKTRONISCHE UHREN

Modernste elektronische Technologie im Dienste der Instrumente für die Zeitmessung: Dieses Motto steht stellvertretend für eine bedeutende Kategorie von Armbanduhren, die von den Verkaufszahlen her weltweit als die größte angesehen werden kann. Das gilt jedoch nicht in wirtschaftlicher Hinsicht, da ihre mechanischen Verwandten trotz zahlenmäßiger Unterlegenheit immer noch die weitaus höheren Umsätze erzielen. Elektronische Uhrwerke erlauben als typische Massenware nämlich eine automatische Fertigung in großen Stückzahlen, was sich natürlich in einem weitaus niedrigeren Verkaufspreis niederschlägt.
Diese Uhren, die zum ersten Mal in den 60er-Jahren auf den Markt kamen, basieren auf den Schwingungen eines Kristalls. Als Energiequelle dient dabei eine einfache Batterie. Damit haben Quarz und Batterie die Unruh ersetzt. Dasselbe gilt auch für die meisten anderen mechanischen Elemente, die ebenfalls der modernen Elektronik weichen mussten.

Zwei elektronische Uhren der ersten Generation: Die Girard-Perregaux Digitale (unten, 1976) und die Pulsar Time Computer (1972, nächste Seite).

Die Zeitmesser werden aufgrund dieser Technologie in zwei große Gruppen unterteilt, wobei sich zwei Länder den Großteil dieses Kuchens teilen: die Schweiz, vertreten durch den Industriegiganten ETA, sowie Japan als führender Vertreter des Fernen Ostens. Zur ersten Gruppe zählen die analogen Uhren, bei denen das Ablesen der Anzeigen über das traditionelle System von Indizes und Zeigern erfolgt. Ihr gegenüber stehen die digitalen Uhren mit ihren verschiedenen Flüssigkristallanzeigen. Während bei Ersteren die isochronen Schwingungen des Quarzes über einen Mikrorotor auf die Zeiger übertragen werden, sorgt im letzteren Fall ein elektronischer Mikro-Schaltkreis für die Erzeugung der Flüssigkristallziffern.
Jenes Merkmal jedoch, das zum Durchbruch der modernen Zeitmesser beigetragen hat, ist ihre Präzision. Man braucht nur daran zu erinnern, dass bei den besten mechanischen Chronometern eine Gangabweichung, d. h. ein Vorgehen oder Nachgehen, von einigen Sekunden am Tag normal war. Bei den elektronischen Uhren liegt diese Abweichung ebenfalls im Bereich von Sekunden, aber auf ein ganzes Jahr gesehen. Außerdem lassen sich elektronische Uhrwerke im Vergleich zu mechanischen praktisch unbegrenzt und wesentlich günstiger einsetzen (nicht nur in Bezug auf die Präzision, sondern auch durch die größere Haltbarkeit der Schaltkreise gegenüber Stößen). Daher verfügen derzeit die meisten Modelle der zahlreichen verschiedenen Kategorien auch über ein elektronisches Uhrwerk: Von den modischen Swatch-Modellen über die Chronographen bis hin zu den Schmuckuhren und professionellen Exemplaren. Das Quarz-Uhrwerk bietet überdies die Möglichkeit, eine Reihe von weiteren vielfach recht ungewöhnlichen Anzeigen zusätzlich zu jenen der eigentlichen Zeitmessung einzusetzen. Als Spezialisten auf diesem Gebiet der multi-

funktionalen Technologie gelten die Japaner und hier vor allem Casio. Die Zeitmesser dieses Herstellers dienen nicht nur der Zeitangabe, sondern verfügen neben dem Kalender und Chronographen – je nach Modell – auch über die Funktion eines Barometers, Thermometers, Höhenmessers, Blutdruckmessers, Taschenrechners oder sogar Signalsenders. Dies trifft beispielsweise auf eines der jüngeren Modelle von Casio, der ABX-53, zu. Diese Uhr weist neben dem Kalender, Chronographen und Tagesalarm auch eine Anzeige der 24 Zeitzonen sowie eine automatische Suchfunktion für Namen und die dazugehörigen Telefonnummern auf – ein kleines Wunder der Technik sozusagen.
Ein weiteres elektronisches Uhrwerk aus Japan sorgte ebenfalls für Furore: Es handelt sich dabei um das Kinetic von Seiko, mit dem eine gesamte Kollektion ausgerüstet wurde. Die große Besonderheit dieses Kalibers stellt ein Rotorsystem dar, das ähnlich wie die herkömmliche automatische Aufzugsvorrichtung bei mechanischen Uhren funktioniert und statt einer Batterie die benötigte Energie liefert.
Die Quarzuhren »Made in Swiss« repräsentieren hingegen die großen Strömungen der Mode und des Zeitgeschmacks. Hier ist natürlich die Rede von Swatch, das gerade sein umfangreiches Angebot an Designeruhren um die Kollektion Irony – Modelle aus Stahl oder goldbeschichtetem Stahl – erweitert hat. Von den Neuigkeiten im Bereich der traditionellen Kunststoffmodelle ist an erster Stelle die Serie MusiCall zu erwähnen – Uhren mit einem musikalischen Motiv.
Aber auch in den amüsanten »Fossil-Modellen« arbeitet ein Quarzwerk, wobei ihre etwas naive Grafik an die großen amerikanischen Mythen erinnert. Dies ist auch bei der Defender-Serie der Fall, deren beleuchtetes Zifferblatt von den Pionieren der Militärfliegerei inspiriert wurde. Ebenfalls an ein jüngeres Publikum richtet sich die Midway-Serie von Breil, Chronographen mit Höhenmesser, Tiefenmesser oder Zeitzonen-Anzeige. Auch sie werden durch ein Quarzwerk angetrieben, das jedoch eher in klassische Formen verpackt ist.
Auch auf dem Gebiet des Extremsports wird die Zeit mit Quarzuhren gemessen: Dies trifft beispielsweise auf die Uhren und Chronographen von Sector zu. Das Konzept höchster Technologie findet auch in der Uhrmacherkunst seine Umsetzung. Rado etwa drückt dies durch futuristisches Design und Keramikmaterialien aus, die aus der Raumfahrt stammen. Ein besonderes Modell stellt die Integral Nova dar, das mit einem elektronischen Uhrwerk Schweizer Fabrikation ausgestattet ist.
Den professionellen Bereich deckt das Modell Emergency von Breitling ab, ein elektronischer Chronometer im Titangehäuse und einem auf 121,5 MHz – der Frequenz der Flugrettung – eingestellten Notrufsender.

Breitling • Emergency

Visitenkarte

Herstellungsjahr
ca. 1990

Gehäuse
Titan

Zifferblatt
Gelb mit Flüssigkristallanzeige

Uhrwerk
Quarzelektronik

Funktionen
Chronograph, Datum, doppelte Zeitzone, 24-Stunden-Anzeige, Countdown, Notrufsignal

Bewertung
☆

Das Erfolgsgeheimnis dieses multifunktionalen Zeitmessers von Breitling basiert auf seiner Technik. Dies betrifft nicht nur die Grundfunktionen, die mit denen der Aerospace (siehe nächste Beschreibung) übereinstimmen, sondern auch die Zusatzfunktionen und den speziellen Notrufsender. Dieser Sender/Empfänger hat nicht nur der Uhr ihren Namen gegeben, sondern setzt eine Technologie ein, die bis dahin bei keiner Armbanduhr verwendet wurde. Es handelt sich dabei um ein System, das auf der Notruf-Frequenz für Flieger arbeitet und auf 121,5 MHz eingestellt ist. Im Notfall lässt sich diese Funktion durch eine bei 10 Uhr angebrachte Kappe aktivieren, die abgeschraubt wird, um die im Inneren befindliche Antenne herauszuziehen. Ab diesem Moment schickt der Sender 48 Stunden lang Signale aus. Im ebenen Gelände oder bei ruhiger See kann so eine Person von einem Rettungsflugzeug aus, das sich in 6000 m Höhe befindet, bis auf 160 km Entfernung geortet werden. Deshalb fand die Emergency bereits unmittelbar nach ihrer Präsentation viele Abnehmer unter den Militärpiloten zahlreicher Länder.

ÄSTHETIK
Gehäuse mit 43 mm Durchmesser, skalierte drehbare Lünette mit Kompassangaben. Zifferblatt mit analoger und digitaler Anzeige in Gelb, Orange, Schwarz und Blau. Arabische Nummerierung und leuchtende Stabzeiger.

TECHNIK
Multifunktionales elektronisches Quarzwerk mit Minisender, eingestellt auf die Flieger-Notruffrequenz von 121,5 MHz.

Aerospace • Breitling

Dieser Klassiker von Breitling erfuhr gegen Ende des 20. Jahrhunderts einige Änderungen. Dabei fallen vor allem die schräg gestellten arabischen Ziffern des Zifferblattes auf. Neben den klassischen Versionen in Stahl gibt es auch solche in Titan und Gold. Bei den Uhrbändern kann zwischen Leder und Kunststoff gewählt werden. Unverändert geblieben sind hingegen die speziellen Funktionen, die seit jeher zum absolut Besten auf dem Gebiet der Technik und des Designs bei elektronischen Uhren gezählt haben. Die Anzeige der Stunden und Minuten erfolgt über herkömmliche Zeiger, während zwei Flüssigkristalldisplays die anderen speziellen Funktionen dieser Uhr angeben: Chronograph, Wecker, Countdown, zweite Zeitzone, 24-Stunden-Anzeige und Datum. Sie sind einfach genial in ihrer Schlichtheit. Sämtliche Funktionen lassen sich mittels einer einzigen Krone stets nach demselben Muster einstellen. In herausgezogener Position werden die jeweiligen, auf dem oberen Display angezeigten Funktionen ausgewählt. Wird die Krone dann erneut herausgezogen, kann man die ausgewählte Funktion, die auf dem unteren Display aufscheint, aktivieren. Als Druckknopf löst sie die Start- oder Stoppfunktion, den Chronographen oder den Countdown aus.

ÄSTHETIK
Gehäuse aus Titan (40 mm Durchmesser), Reiter in Gold und skalierte drehbare Lünette. Zifferblatt mit analoger und digitaler Anzeige. Nummerierung in arabischen Ziffern, leuchtende Stabindizes und Stabzeiger.

TECHNIK
Elektronisches multifunktionales Quarzwerk.

Visitenkarte

Herstellungsjahr
ca. 1990

Gehäuse
Titan

Zifferblatt
Anthrazit mit Flüssigkristalldisplay

Uhrwerk
Quarzelektronik

Funktionen
Chronograph, Datum, doppelte Zeitzone, 24-Stunden-Anzeige, Wecker, Countdown, Minutenrepetition

Bewertung
☆

Bulova • Accutron

Visitenkarte

Herstellungsjahr
ca. 1960

Gehäuse
Stahl

Zifferblatt
Blick auf die integrierten Schaltkreise

Uhrwerk
Diapason-Elektronik

Funktionen
Stunden, Minuten, Sekunden

Bewertung
☆

Diese Uhr gehörte zu den Bordinstrumenten der ersten US-amerikanischen Explorer-Satelliten und erfüllte dort die Aufgabe der Zeitmessung. Ihr Name ergibt sich aus der Verbindung der beiden Wörter »accuracy« und »electronics«, d. h. elektronische Präzision. Das hier vorgestellte Modell der Accutron wurde vom amerikanischen Uhrenhersteller Bulova 1960 auf den Markt gebracht und weicht in seiner Genauigkeit höchstens eine Minute pro Monat ab. Die Besonderheit dieser Uhr ergab sich aus der Tatsache, dass in ihr kein Element herkömmlicher Technik mehr zu finden war (z. B. Feder, Aufzugsvorrichtung, Hemmung, Unruh und Spirale). Alle diese Teile wurden durch einen Diapason ersetzt (Stimmgabel mit 360 Schwingungen pro Minute). Der Antrieb erfolgt über eine winzige Quecksilberbatterie und die Steuerung über eine elektronische Transistorschaltung. Ein spezieller Mechanismus nimmt die Schwingungen des Diapasons auf und leitet diese über ein Zahnrad an die Zeiger weiter. Die Accutron ist ein äußerst interessantes Beispiel einer Uhr, bei der die Hochtechnologie auf das Design der Uhr selbst übertragen wurde. Sie besticht überdies durch eine Vielzahl verschiedenster Zifferblätter, die alle einen Blick auf den integrierten Schaltkreis erlauben.

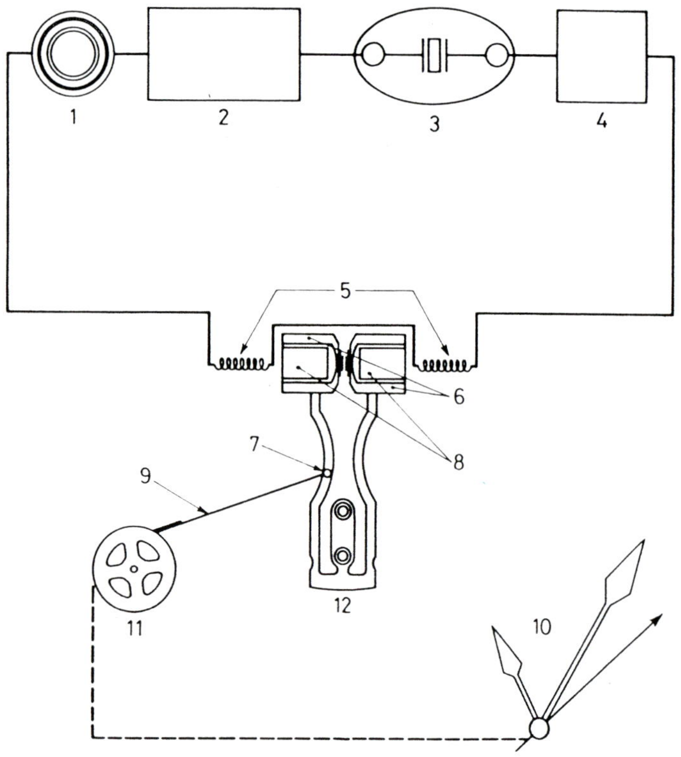

1 Batterie 1,5 V
2 Quarzkristall-Oszillator
3 Quarzkristall (32.768 Hz)
4 Elektronische integrierte Teilerschaltung
5 Diapason-Spule
6 Diapason-Kupelle
7 Sitz der Klinke
8 Magnete
9 Klinke
10 Zeiger (Stunden, Minuten, Sekunden)
11 Klinkenrad
12 Diapason

Rechts: Diagramm des Uhrenmechanismus.
Nächste Seite: Modell der Accutron von Bulova (ca. 1960)

ÄSTHETIK
Gehäuse in Tonneauform und Armband aus Stahl oder Leder. Durchsichtiges Zifferblatt mit Blick auf den integrierten Schaltkreis des Uhrwerks. Lünette mit Stabindizes, Stabzeiger.

TECHNIK
Die Accutron besitzt ein elektronisches Diapason-Uhrwerk, Kaliber Bulova 2142 mit 360 Hz.

Girard-Perregaux • Quarzuhr

Visitenkarte

Herstellungsjahr
1970

Gehäuse
Stahl

Zifferblatt
Metall

Uhrwerk
Quarzelektronik

Funktionen
Stunden, Minuten, Sekunden und Datum

Bewertung
☆

Der historischen Manufaktur mit Sitz in La-Chaux-de-Fonds gebührt das Verdienst, die erste Schweizer Quarzuhr in Massenproduktion erzeugt zu haben. In den 70er-Jahren wurden vor allem in den USA und in Japan zahlreiche Forschungsarbeiten auf dem Gebiet der elektronischen Uhren durchgeführt. Dies war aber auch in der Schweiz der Fall, wo es Girard-Perregaux gelang, die einheimische Konkurrenz auf der Suche nach neuen Entwicklungen hinter sich zu lassen. Das Hauptaugenmerk galt dabei einer ständigen Miniaturisierung der einzelnen Teile. Die Wahl der Frequenz fiel auf 32.768 Hz, welche dann zum Standard für Produktionen dieser Art werden sollte. Eine genauere Betrachtung verdient auch die von Girard-Perregaux gewählte Form dieses Modells. Das elektronische Uhrwerk befindet sich nämlich in einem äußerst schlichten Gehäuse, das einen engen Bezug zur Tradition des Hauses erkennen lässt. Es findet sich hier auch kein Display (wie bei den japanischen Modellen) oder futuristisches Design (wie bei den Amerikanern), sondern ein analoges Zifferblatt in einem Tonnengehäuse. Das Zifferblatt selbst fällt durch seine besondere Gestaltung auf, da es die Umrisse eines integrierten Schaltkreises wiedergibt.

ÄSTHETIK
Stahlgehäuse in Tonneauform mit runder Lünette. Zifferblatt in Elektroblau, das die Umrisse eines integrierten Schaltkreises darstellt. Stabindizes und -zeiger.

TECHNIK
Elektronisches Quarzwerk mit 32.768 Hertz.

Digitaluhr • Girard-Perregaux

Dieses Modell stellte einmal den letzten Schrei der Technik dar. Sämtliche Traditionen wurden dabei über Bord geworfen, denn bei ihrer Produktion herrschten absolute Individualität und Originalität vor. Girard-Perregaux brachte diese Uhr mit digitaler Anzeige in den 70er-Jahren auf den Markt. Sie gilt als Sinnbild der stilistischen Revolution dieser Epoche, die sich auch auf dem Gebiet der Mode, des Schmucks und zahlreicher anderer Gebrauchsgegenstände niederschlug. Bei diesem Modell erinnert nichts an das herkömmliche Konzept eines Zeitmessers. Das Gehäuse wirkt wie ein Visier, das nur in einem schmalen dunklen Sehschlitz die Informationen liefert. Diese bestehen nicht nur aus Leuchtdioden in roter Farbe, sondern sind auch nur einige Sekunden lang zu sehen, wenn man den Drücker auf der rechten Seite des Gehäuses drückt (der symmetrisch dazu angebrachte Drücker auf der linken Seite hingegen dient der Regulierung der Uhrzeit und des Datums). Ansonsten bleibt die Anzeige dunkel. Dieses technologische Konzept setzt sich auch beim Gehäuse und dem Uhrband fort, die aus einem synthetischen Material bestehen – dem leichten und kratzfesten Macralon.

ÄSTHETIK
Gehäuse in Form eines Monitors mit zwei Druckknöpfen und Gliederarmband mit Sicherheitsverschluss aus Macralon. Zifferblatt mit roten Leuchtdioden.

TECHNIK
Elektronisches Quarzwerk, Girard-Perregaux Kaliber 396.

Visitenkarte

Herstellungsjahr
1976

Gehäuse
Macrolon

Zifferblatt
Leuchtdiode

Uhrwerk
Quarzelektronik

Funktionen
Stunden und Minuten

Bewertung
☆

Hamilton • Ventura

Visitenkarte

Herstellungsjahr
1957

Gehäuse
Gelbgold

Zifferblatt
Schwarz

Uhrwerk
Elektromechanisch

Funktionen
Stunden, Minuten, Sekunden

Bewertung
☆

Hamilton, der bekannteste amerikanische Uhrenhersteller, genießt nicht nur wegen seiner professionellen Modelle, die ihn um 1940 zum offiziellen Ausstatter der Sondereinheiten der US-Army gemacht haben, hohes Ansehen. Der Name steht auch für ein Kapitel der Uhrmacherkunst, in dem sich Design und Technologie vermischten und zu Ergebnissen höchster Originalität führten. Dies betrifft vor allem die Funktionsweise: Um 1950 zeigten sich in den USA (neben dem Boom auf dem Automobilsektor und der beginnenden Mechanisierung im Haushalt) intensive Bestrebungen in Richtung einer Modernisierung der Armbanduhren. 1957 lässt sich Hamilton das erste elektromechanische Uhrwerk patentieren. Bei diesem sorgt eine Batterie – und nicht mehr das herkömmliche Aufzugssystem – für die Schwingungen der Unruh, die das Werk antreiben. Aber Hamilton ging mit seinem Modell Ventura noch weiter: Die perfekte Linienführung und das damals typische amerikanische Design (dieselbe Stromlinienform wie beim Chevrolet, den Lokomotiven und der Coca-Cola-Flasche) ergeben ein asymmetrisches Gehäuse. Auf dem Zifferblatt ist überdies ein Symbol abgebildet, das an die elektrische Funktionsweise der Ventura erinnert.

ÄSTHETIK
Asymmetrisches Gehäuse in Gelbgold, schwarzes Zifferblatt mit runden Indizes und Dauphine-Zeiger.

TECHNIK
Elektromechanisches Uhrwerk, Kaliber Hamilton 500, 12 Rubine, elektrodynamische Unruh mit 18.000 Halbschwingungen pro Stunde.

Dinosaure • Omega

Mit seinen knapp 1,46 mm Stärke hat sich dieses Modell verdientermaßen einen Platz in der jüngeren Geschichte der Armbanduhren gesichert. Es muss jedoch erwähnt werden, dass technologische Leistung und kommerzieller Erfolg nicht immer Hand in Hand gehen. Das scheint auch beim Modell Dinosaure von Omega der Fall gewesen zu sein (interessante Idee, den Namen eines Kolosses aus der Vorzeit für einen winzigen Gegenstand der Neuzeit zu verwenden). Diese Uhr ist nämlich sowohl bei ihrem Debüt auf dem Uhrenmarkt als auch später bei Sammlern und Uhrenliebhabern auf wenig Resonanz gestoßen. Die große Leistung auf dem Gebiet der Technik und des Designs verdienen dennoch Erwähnung. Sie stehen nämlich für die Bestrebungen einer ganzen Epoche, da auch andere Hersteller diesen Weg der Miniaturisierung einschlugen. Dies gilt beispielsweise für die Delirium von Concord mit ihrem ETA-Uhrwerk (diese Uhr war noch dünner – 1 mm). Aber auch die anderen Maße der Dinosaure von Omega sind außergewöhnlich: Länge 38 mm und Breite 27 mm, wobei sich die beiden winzigen Zeiger im Leeren zu bewegen scheinen.

ÄSTHETIK
Rechteckiges Gehäuse in Gelbgold, extrem dünne und große flache Oberseite, auf der sich das runde Zifferblatt befindet. Indizes und Zeiger in Stabform.

TECHNIK
Elektronisches extraflaches Quarzwerk, Kaliber 1355.

Visitenkarte

Herstellungsjahr
1980

Gehäuse
Gelbgold

Zifferblatt
Weiß

Uhrwerk
Quarzelektronik

Funktionen
Stunden und Minuten

Bewertung
☆

Omega • Marine Chronometer

Visitenkarte

Herstellungsjahr
1974

Gehäuse
Stahl, Lünette in Gelbgold

Zifferblatt
Schwarz

Uhrwerk
Quarzelektronik

Funktionen
Stunden, Minuten, Sekunden und Datum

Bewertung
☆

Der Marine Chronometer trägt die Handschrift des Designers Henri Schneider. Der Name der Uhr selbst stellt aufgrund ihrer Präzision und dem massiven Gehäuse eine bewusste Verbindung zu den Navigationszeitmessern her. Es handelt sich um einen rechteckigen Stahlblock von ungewöhnlicher Stärke (im Profil gesehen erinnert er an einen Pyramidenstumpf). Als einzige Dekoration dient die Goldlünette, die jedoch nicht nur als reine Zierde angebracht wurde. Dies bestätigen auch die vier Befestigungsschrauben, die klar und deutlich zu sehen sind. Bei der Marine Chronometer handelt es sich jedoch eher um eine Beobachtungs- als um eine Armbanduhr. Uhrwerk und weiße Stabzeiger wirken durch das schwarz glänzende Zifferblatt wie eingefasst. Diese grafische Lösung erlaubt neben ihrer formalen Strenge aber auch ein deutlich einfacheres Ablesen der Uhrzeit. Das Logo sowie die auf dem Zifferblatt befindlichen Schriftzüge unterstreichen ebenfalls den technologischen Eindruck dieser Uhr (es ist auch die Schwingungsfrequenz des Quarzes angeführt). Dazu kommt noch die fortlaufende Nummer des Uhrwerkes, die in ein vergoldetes Feld im unteren Bereich des Gehäuses eingestanzt ist.

ÄSTHETIK

Rechteckiges Gehäuse und Gliederarmband in Stahl, Lünette in Gelbgold mit vier Schrauben befestigt. Indizes und Zeiger in Stabform.

TECHNIK

Elektronisches Quarzwerk, Omega Kaliber 1511, Frequenz von 2,4 MHz.

Speedmaster X-33 • Omega

Die futuristische X-33 wurde von Technikern der Firma Omega in Zusammenarbeit mit der NASA entwickelt. Sie stellt ein Modell der Speedmaster-Serie dar und bietet eine große Menge an äußerst interessanten analogen und digitalen Anzeigen. Durch Betätigung der Krone oder des Drückers werden die Funktionen aktiviert, die auf dem speziellen Display des Zifferblattes erscheinen. Neben dem Timer und der Universalzeit kann auch die »Mission Elapsed Time« eingestellt werden. Diese Funktion erlaubt eine langfristige, höchst präzise Messung der vorgesehenen Operationszeiten während des Verlaufs einer Mission (die X-33 kam bei den Flügen der Space Shuttle zum Einsatz). Die Lautstärke des Weckers liegt über 80 Dezibel, um den speziellen Anforderungen der Astronauten zu entsprechen. Die X-33 verfügt über ein Armband aus Titan oder synthetischem Material mit einer Kevlarschicht von Du Pont. Diese leichte und sehr robuste Faser kommt in der Weltraumtechnologie zum Einsatz.

Visitenkarte

Herstellungsjahr
1997

Gehäuse
Titan

Zifferblatt
Leuchtziffern

Uhrwerk
Quarzelektronik

Funktionen
Datum, Wecker, Chronograph, Timer, Dauer der Mission, Alarm Missionszeit, Universalzeit, Alarm Universalzeit

Bewertung
☆

ÄSTHETIK

Groß dimensioniertes Gehäuse, vier zusätzliche Drücker zur Aktivierung der vielen Funktionen der X-33. Flüssigkristall-Zifferblatt und analoge Anzeige der Stunden und Minuten mittels Leuchtzeiger.

TECHNIK

Elektronisches Quarzwerk, Kaliber Omega 1666. Leuchtendes Zifferblatt *(Bild oben).*

Swatch • Jelly Fish

Visitenkarte

Herstellungsjahr
1984

Gehäuse
Durchsichtiger Kunststoff

Zifferblatt
Plexiglas

Uhrwerk
Quarzelektronik

Funktionen
Stunden, Minuten und Sekunden

Bewertung
☆

Diese Produktion wirkte sich nicht nur auf die Umsätze und Konkurrenzfähigkeit der Schweizer Uhrenindustrie, sondern auch auf die Konzeption der Armbanduhren selbst positiv aus. Sie begann bereits einige Jahre vor der Markteinführung des bekanntesten und beliebtesten Exemplars der Serie. Die Marke ist weltweit unter der Bezeichnung Swatch bekannt (das Akronym für Swiss und Watch) und das betreffende Modell trägt den Namen Jelly Fish. Vor allem ihre Durchsichtigkeit und die Geschmeidigkeit des Kunststoffes haben Uhrenliebhaber und Fachleute fasziniert. Die Produktion geht auf das Jahr 1984 zurück, genau ein Jahr nach der offiziellen Gründung der Marke. Mit diesem Modell, das mit Recht die im 20. Jahrhundert geschaffene Vorstellung von der Uhr entzauberte, begann der kometenhafte Aufstieg von Swatch. Diese Uhrmarke schaffte es, bereits mit ihrem ersten Produkt in die Annalen der Geschichte von Technik und Erfindungen einzugehen. Es handelte sich in der Tat um ein äußerst couragiertes Projekt, das von Nicolas G. Hayek finanziert und von den Technikern Ernst Tomke, Elmar Mock und Jacques Muller ausgeführt wurde. Diese Männer hatten nur ein Ziel vor Augen: Sie wollten die Quarzuhr neu erfinden, da man durch japanische Konkurrenz sowohl vom Preis als auch vom Sortiment her mit dem Rücken zur Wand stand. Das Ergebnis übertraf dabei sogar die optimistischesten Erwartungen: Bereits in den ersten fünf Jahren wurden 50 Millionen Stück verkauft. Der Erfolg der Swatch basiert auf einem Mix aus Technologie (von den ursprünglich 90 Einzelteilen blieben nur noch 51 übrig, das Gehäuse bildet die Basis des Uhrwerks und die Produktion erfolgt komplett automatisch) und Kreativität, welche die gesamte Bandbreite an Transparenz und Farben auf dem Gebiet des Kunststoffs ins Spiel bringt.

Oben: Swatch Jelly Fish (1985). Rechts: Swatch Jelly Skin.

ÄSTHETIK
Gehäuse und Uhrband aus durchsichtigem Kunststoff, Zifferblatt aus Plexiglas mit Blick auf das Uhrwerk. Farbige Stabzeiger.

TECHNIK
Die Uhr wird von einem ETA-Quarzwerk angetrieben.

DAMENUHREN

Es ist kein Geheimnis, dass die Damenwelt Uhren keine allzu große Bedeutung beimisst. Zumindest widmen sie ihnen nicht dieselbe Aufmerksamkeit wie Schmuckstücken, Kleidern oder bestimmten Modeaccessoires. Die wenigen Liebhaberinnen von Uhren ziehen überdies vielfach Herrenmodelle vor. Diese pauschalen Aussagen sind natürlich etwas differenzierter zu sehen, da die Gründe dafür nicht ausschließlich beim weiblichen Geschlecht liegen. Die großen Uhrenhäuser haben sich nämlich – bis auf wenige Ausnahmen – seit jeher traditionellerweise auf Männermodelle konzentriert. Denn nur Männer konnten in ihren Augen auf kompetente Weise Zeitmesser bewerten, erwerben, zur Schau stellen und sammeln.

Aber der in Europa seit den frühen 80er-Jahren herrschende Boom auf dem Uhrensektor hat auch diese Einschätzung gründlich auf den Kopf gestellt. Heute kann sie nur noch als längst überholtes Vorurteil angesehen werden. In der Welt der Damenuhren anno 2001 gibt es nicht nur echte und wahre Liebhaberinnen dieser Objekte, sondern auch ein ständig wachsendes weibliches Publikum, das sich mit großer Freude und Leidenschaft den Kollektionen widmet. Angeregt durch diese Entwicklung haben eingesessene Schweizer Uhrenhersteller, wenn auch anfangs etwas unwillig und mit gewissen Bedenken gegenüber eigenen Damenserien, schlussendlich doch ihre sprichwörtliche Unbeweglichkeit überwunden. Diese Modelle stellen jedoch nicht mehr nur verkleinerte oder zarter ausgeführte Versionen bestimmter Herrenmodelle dar. Vielmehr orientiert man sich an früheren Modellen, die bereits zu ihrer Zeit für ein weibliches Publikum bestimmt waren. Dabei spielen neben einem moderneren Design vor allem eine gewisse Eleganz und Tragbarkeit für die Frau von heute eine wichtige Rolle.

Insbesondere die für ihre exklusiven Modelle bekannten Uhrenhäuser entwickelten auf dem Gebiet der Damenuhren interessante künstlerische Variationen. Das Hauptaugenmerk galt dabei besonders der Verbindung von moderner Zweckmäßigkeit und traditionellem dekorativen Charakter als Schmuckstück. Darüber hinaus birgt die neue Begeisterung für spezielle Damenuhren einige Überraschungen in sich. Man braucht nur diverse Bücher oder Kataloge früherer Kreationen durchzublättern, um zu bemerken, dass in Wirklichkeit das Argument eines eigenen weiblichen Zeitmessers schon immer bestanden hat. Zu Beginn der Entwick-

Modell Happy Diamonds von Chopard aus dem Jahre 1980 in Gold und Brillanten.
Nächste Seite: Kreation von Cartier in Gelbgold (1950).

lung der Armbanduhren (Anfang des 20. Jahrhunderts) nahmen Damenmodelle vielmehr einen großen Raum innerhalb der Produktion der angesehensten Schweizer Uhrenhersteller ein. Klarerweise spielte bei ihrer Herstellung meist die großzügige Verwendung von Edelsteinen sowie der dominierende Einfluss des damals vorherrschenden Kunststils eine große Rolle (wie bei fast allen außergewöhnlichen Meisterwerken des Art Déco). Diese Nähe zur Ornamentik hat jedoch dazu beigetragen, dass die Damenuhr gewissermaßen nie als reiner »Zeitmesser« angesehen wurde. In letzter Zeit ist dieses Konzept jedoch wieder neu entdeckt worden, wie bestimmte moderne Stilisierungen (das Modell Khésis von Chaumet) oder Modelle mit kleinen mechanischen Komplikationen (Referenz 4857 von Patek Philippe) beweisen. Gleichzeitig hat diese Entwicklung ein neues Interesse für antike Damenuhren geweckt.

Damenuhr • Cartier

Der berühmteste Juwelier der Welt zählte auch zu den Pionieren der Uhrmacherkunst, obwohl eigentlich keine sehr enge Beziehung zu diesem Metier bestand. Das Jahr 1847 markierte den Anfang dieser Entwicklung, als Cartier sein berühmtes Geschäft in der Rue de la Paix in Paris eröffnete. Schon bald darauf finden sich in den Geschäftsbüchern die ersten Aufträge für Uhren. So datiert die Lieferung einer Taschenuhr vom Typ »Châtelaine« (eine spezielle »Uhr« mit auffälliger, meist mit schöner Uhrkette) in Gold, Diamanten und Rubinen aus dem Jahre 1873. Cartier kommt aber auch das Verdienst zu, maßgeblich zur Entwicklung der Armbanduhr beigetragen zu haben (das Modell Santos aus dem Jahre 1911, das der brasilianische Magnat und Flugpionier Santos Dumont bei Louis Cartier in Auftrag gab). Dennoch lässt sich ein sehr starker Bezug der gesamten Produktion des Hauses zu seinem eigentlichen Beruf, der Herstellung von Schmuck, nicht leugnen. Ein weiterer Beweis für die große Kreativität dieses Unternehmens geht auf die Zeit zwischen 1920 und 1930 zurück, dem Höhepunkt des Art Déco. Gerade in dieser Epoche löste sich die Ornamentik vom typischen stilistischen Pluralismus des 19. Jahrhunderts und schuf einen eigenen Kunststil. Luxuriös, aber perfekt im Einklang mit dem damals entstehenden Konzept der Modernität bedeutete dies bei Armbändern, Ohrringen, Halsketten und Uhren die Strenge der geometrischen Form vereint mit dem leuchtenden Farbenspiel des Weißgoldes, Platins, der Perlen und Diamanten.

ÄSTHETIK
Formgehäuse aus Platin, zur Gänze mit Diamanten besetzt und Uhrband aus sieben Reihen von rosa und grauen Perlen. Steg in Steigbügelform aus Platin, besetzt mit Diamanten, Birnenzeiger.

TECHNIK
Mechanisches Uhrwerk mit Handaufzug aus dem Hause Edmond Jaeger.

Visitenkarte

Herstellungsjahr
1925

Gehäuse
Platin und Diamanten

Zifferblatt
Silbern

Uhrwerk
Mechanisch mit Handaufzug

Funktionen
Stunden und Minuten

Bewertung
☆☆☆

Chopard • Happy Diamonds

Visitenkarte

Herstellungsjahr
ca. 1980

Gehäuse
Gelbgold und Diamanten

Zifferblatt
Weiß

Uhrwerk
Quarz

Funktionen
Stunden und Minuten

Bewertung
☆☆

Mit dem Modell Happy Diamonds begann der Aufstieg des Hauses Chopard auf dem Gebiet der Damenuhren. Obwohl der Genfer Uhrenhersteller auch klassische Modelle mit raffinierter Mechanik sowie eine Serie von ausgesprochen sportlichen Zeitmessern in seinem Programm führt, steht sein Name vor allem für edlen Schmuck. Dem entsprang auch der Gedanke, eine Uhr in der Art eines Geschmeides zu schaffen. Verbunden mit einem originellen Design wirken vor allem die »beweglichen Teile« auf den ersten Blick äußerst apart. Diese Technik kommt in der Juwelierkunst heute häufig zur Anwendung. So entstand im Jahre 1976 das Modell Happy Sport (mit Dutzenden von folgenden Variationen), entworfen vom talentierten Designer Ronald Kurowski. Das Original setzte dabei vor allem auf den suggestiven Effekt der Diamanten, die sich frei im Innern einer breiten Lünette zwischen Saphirgläsern bewegen können.

Schmuckuhr Happy Diamonds mit ovalem (oben) und rundem (unten) Gehäuse.

ÄSTHETIK

Ovales Gehäuse aus Gold und Diamanten, sieben einzeln gefasste Diamanten gleiten frei im Innern der Lünette. Fehlen der Indizes, Stabzeiger, das Uhrband aus Krokodilleder ist mittels zweier gefasster Diamanten am Gehäuse befestigt.

TECHNIK

Quarzwerk aus Schweizer Produktion.

Zwei Linien • Jaeger-LeCoultre

Das Verdienst der wichtigsten technischen Entwicklungen auf dem Gebiet der Damenuhren gebührt der Manufaktur Jaeger-LeCoultre. Dies ist umso interessanter, als Damenuhren seit jeher vor allem wegen ihres künstlerischen Wertes gekauft und gesammelt wurden. Im Fall von Jaeger-LeCoultre verhält sich die Sachlage völlig anders: Zur stilistischen Ausführung – zweifellos auf höchstem Niveau – gesellt sich eine außergewöhnliche Mechanik. Bereits seit 1925 haben sich Techniker dieser Manufaktur aus Le Sentier bemüht, bei ihren Kreationen ein Gleichgewicht zwischen der zarten Ästhetik einer Damenuhr und ihrer geringeren Größe zu finden. Daher ging die Entwicklung auch immer stärker in Richtung extrem kleiner Uhrwerke. Das Ergebnis war das Kaliber 101, auch unter der Bezeichnung »Zwei Linien« bekannt, ein rechteckiges Kaliber in zwei übereinander liegenden Ebenen in der Größe von 14 x 4,8 x 3,4 mm. Unter anderem waren es die rechteckigen Formen des Gehäuses, die sich perfekt an den typisch strengen Stil des Art Déco der 30er-Jahre anpassten. Die anschließenden Forschungen führten zu zahlreichen ästhetischen Variationen auf dem Gebiet der Miniaturisierung. Aber auch heute noch kann das Kaliber 101 mit Recht von sich behaupten, das »kleinste mechanische Uhrwerk« zu sein, das je gebaut wurde.

ÄSTHETIK
Quadratisches Gehäuse in Gelbgold, Gliederarmband aus einzelnen, in Gelbgold gefassten Diamanten. Zifferblatt ohne Indizes, Stabzeiger. Aufzugskrone auf dem Boden.

TECHNIK
Mechanisches Uhrwerk mit Handaufzug, Jaeger-LeCoultre Kaliber 101 aus 98 Teilen bestehend.

Visitenkarte

Herstellungsjahr
1952

Gehäuse
Gelbgold

Zifferblatt
Vergoldet

Uhrwerk
Mechanisch mit Handaufzug

Funktionen
Stunden und Minuten

Bewertung
☆☆☆

Die Version 2000 der »Zwei Linien«.

Patek Philippe • Mondphasen

Visitenkarte

Herstellungsjahr
1988

Gehäuse
Weißgold

Zifferblatt
Schiefergrau

Uhrwerk
Mechanisch mit Handaufzug

Funktionen
Stunden, Minuten und Sekunden, Mondphasen

Bewertung
☆☆

Hier haben die Techniker der Manufaktur aus Plan-les-Ouates ihre Fähigkeiten nicht nur bei einer komplizierten Herrenuhr, sondern auch bei einem kleinen, bezaubernden Damenmodell unter Beweis gestellt: Klein aufgrund des Durchmessers von rund 219 mm, bezaubernd wegen der weichen Linienführung, der klaren Grafik und der wertvollen Diamanten auf dem Zifferblatt (Referenz 4857). Stilistisch kann man sie in die Familie der Calatrava einordnen, der klassischesten und repräsentativsten Kollektion dieses Hauses. Ein Merkmal hebt dieses Exemplar aber aus den meisten anderen Damenmodellen hervor: ihre Komplikation. Diese bei Patek Philippe übliche Tradition war bislang vor allem einem männlichen Publikum vorbehalten. Zwar gibt es Statistiken, die belegen, dass die Damenwelt eine deutliche Präferenz für unkomplizierte Uhren hat. Andererseits wäre es aber unprofessionell, eine solche Marktnische zu ignorieren. Es gibt nämlich viele Frauen, die nicht nur mechanische Modelle zu schätzen wissen, sondern auch die technisch-ästhetische Exklusivität von Exemplaren mit Komplikationen – wenn auch nicht so ausgefeilten.

ÄSTHETIK
Rundes Gehäuse aus Weißgold, Krone mit Saphir-Cabochon, schiefergraues Zifferblatt mit Brillantenindizes, zwei arabische Ziffern (6, 12) und Blattzeiger aus Gold. Anzeige der kleinen Sekunde bei 8 Uhr und der Mondphasen bei 4 Uhr.

TECHNIK
Mechanisches Uhrwerk mit Handaufzug, Patek Philippe Kaliber 16-250, Genfer Siegel.

Schiava • Piaget

Visitenkarte

Herstellungsjahr
1971

Gehäuse
Weißgold und Diamanten

Zifferblatt
Opal

Uhrwerk
Mechanisch mit Handaufzug

Funktionen
Stunden und Minuten

Bewertung
☆☆☆

Die Genfer Manufaktur gilt als Vorreiter in einem bedeutenden Kapitel der langen Geschichte von Armbanduhren. Aus der Produktion von Piaget stammt eine ganze Serie von Uhren, die mit ihrem eigenwilligen Stil die Mode und den Geschmack der Zeit von 1960 bis 1970 geprägt hat. Damals erschienen einige Herrenuhren, die durch die Eleganz ihrer ultraflachen Gehäuse bestachen, aber auch Damenmodelle, deren komplexe Strukturen für noch größeres Staunen sorgten. Sie waren äußerst wichtig für die Entwicklung der Uhrbänder und Zifferblätter und können eigentlich schon als Skulpturen bezeichnet werden. Dieser interessante Abschnitt begann 1957 mit der Entwicklung des als 9P bezeichneten Uhrwerks. Die äußerst flache Mechanik aber kam nicht nur bei den Herrenmodellen zum Einsatz. Da der Durchmesser deutlich unter den damals üblichen Maßen lag, wurden auch Damenmodelle damit bestückt. Es entstand so eine neue Generation von Schmuckuhren mit auffälligen Uhrbändern (die Bezeichnung Schiava stammt von der bekanntesten Damenkollektion von Piaget aus dem Jahre 1970), die an richtige Skulpturen erinnerten. Dazu kam noch ein großes Zifferblatt aus Koralle oder Hartgestein.

ÄSTHETIK
Gehäuse und Uhrband mit Scharnieröffnung aus Weißgold und Diamanten. Zifferblatt aus Opal, ohne Indizes, mit Dauphine-Zeigern. Krone am Gehäuseboden angebracht.

TECHNIK
Mechanisches Uhrwerk mit Handaufzug, Piaget Kaliber 9P, 9 Linien, ultraflach.

MILITÄRUHREN

Unter Militäruhren versteht man Zeitmesser, deren wesentliche Merkmale Zweckmäßigkeit und Funktionalität sein müssen. Diese von Offizieren der westlichen Armeen verwendeten Uhren stellen aber auch ein eigenes Kapitel innerhalb der Geschichte der modernen Uhrmacherkunst dar. Einer Theorie zufolge sollen sie nämlich am Beginn der Entwicklung von Armbanduhren gestanden sein. Bestimmte Kreise vertreten die Meinung, dass Ende des 19. Jahrhunderts die Deutsche Kriegsmarine unter anderem einen solchen Zeitmesser bei der helvetischen Manufaktur Girard-Perregaux bestellt habe. Diese Hypothese hat einiges für sich, da zu Beginn des 20. Jahrhunderts die Kampfstrategien und damit auch die Ausrüstung starken Veränderungen unterworfen waren. Die Entwicklung ging nämlich in Richtung individueller Manöver immer schnellerer und besser koordinierter Kleingruppen. Die früheren, geradezu »theatralischen« Inszenierungen der Schlachten hatten ausgedient und ein radikaler Wechsel kennzeichnete das Zusammenspiel von Mann und Gerät auf dem Schlachtfeld. Dazu benötigte man nicht nur ein zuverlässiges, sondern vor allem funktionelles Instrument als Teil der Ausrüstung. Die prächtigen Uniformen wanderten ins Depot und parallel zur fortschreitenden Technologie wurde auch bei den Uhren die Zweckmäßigkeit immer wichtiger. Der aristokratische, wenn auch nicht sehr

Unten: Das erste, Ende der 30er-Jahre von den Officine Panerai für Überraschungsangriffe der Italienischen Kriegsmarine hergestellte Modell.
Nächste Seite: Armeemodell von Hamilton (ca. 1950).

schnelle Griff in die Westentasche, um die an der Uhrkette baumelnde Taschenuhr hervorzuholen, war endgültig passé.
In der Folge setzte sich die Militäruhr auch in der Zivilgesellschaft durch, wobei sie ganz energisch den Weg der Spezialisierung verfolgte.
Die Flieger bevorzugten große Uhren, die mit Lederbändern über dem Ärmel der Fliegerjacke oder am Oberschenkel getragen werden konnten (gemeinsam mit der Flugplan-Tafel und der Westentaschenkamera). Die Angriffseinheiten der Kriegsmarine verwendeten hingegen Modelle, die absolut wasserdicht waren, wie etwa die Uhren von Officine Panerai (diese spielten im Zweiten Weltkrieg bei der Versenkung einiger englischer Schiffe am Weihnachtsabend im Hafen von Alexandria eine wichtige Rolle). Dieser italienische Hersteller groß dimensionierter Uhren mit Sitz in Florenz verwendete eine patentierte Krone und anfänglich auch Uhrwerke von niemand Geringerem als Rolex.
Abgesehen von ihrer jeweiligen Spezialisierung weisen Militäruhren eine Reihe von Vorteilen auf, die sie insgesamt als homogene und leicht unterscheidbare Kategorie erscheinen lassen. Zu den nach außen nicht sichtbaren Merkmalen zählen die hohe Präzision und Stoßfestigkeit. Jene Eigenschaften hingegen, die einem sofort ins Auge springen, sind das dunkle Zifferblatt, helle und leicht lesbare Indikationen (nicht nur wegen ihrer Grafik und Größe, sondern auch durch die Leuchtschicht), ein Gehäuse ausschließlich aus Stahl (in diesem Fall wäre Gold nicht notwendig und zu weich) sowie Uhrbänder aus einfachen, aber zähen Materialien wie Leder oder Leinen. All diese Eigenschaften höchster Qualität haben das Interesse von Sammlern dieser speziellen Kategorie in den letzten Jahren wieder stark steigen lassen.

A. Lange & Söhne • Pilotenuhr

Visitenkarte

Herstellungsjahr
ca. 1940

Gehäuse
Speziallegierung

Zifferblatt
Schwarz

Uhrwerk
Mechanisch mit Handaufzug

Funktionen
Stunden, Minuten und Sekunden

Bewertung
☆☆

Ein richtiger Brocken, dieses Modell der Kategorie X-large. Die Uhr wurde von A. Lange & Söhne für deutsche Flieger im Zweiten Weltkrieg hergestellt. Sie war aber nicht für das Handgelenk der Piloten gedacht, sondern wurde mittels eines Riemens (in diesem Fall der richtige Ausdruck für dieses spezielle Uhrband) an der Fliegeruniform befestigt. Diese äußerst präzise und mit einem übersichtlichen Zifferblatt versehene Pilotenuhr galt ebenso wie die anderen an Bord befindlichen Instrumente als unverzichtbares Hilfsmittel während der Luftkämpfe über Europa.

ÄSTHETIK

Gehäuse aus Speziallegierung, Durchmesser 55 mm, Höhe über 18 mm. Die Aufzugskrone hat die Form einer Zwiebel. Druckboden. Schwarzes Zifferblatt mit sexagesimaler Unterteilung (auf Basis 60) der Minuten auf dem Außenkreis, arabische Ziffern alle fünf Minuten und ein großes Leuchtdreieck bei 12 Uhr. Stundenkreis (in arabischen Ziffern) in der Mitte, Stunden-, Minuten- und Sekundenzeiger aus Stahl mit Leuchtbeschichtung.

TECHNIK

Mechanisches Uhrwerk mit Handaufzug, 3/4 Platine, 18 Rubine, Breguet-Spirale, Unruh mit Regulierschrauben; die Einstellung des Gangreglers erfolgt über Mikrometerschraube (Schwanenhalsregulierung). Die Synchronisierung der Präzision wird durch eine Vorrichtung erleichtert, die durch Herausziehen der Krone aktiviert wird und die Unruh und somit den Sekundenzeiger blockiert.

Fliegeruhr von A. Lange & Söhne für die deutschen Piloten (ca. 1940).

Air Command • Blancpain

Blancpain hat sich im Laufe der 50er- und 60er-Jahre auf die Produktion von militärisch inspirierten Uhren spezialisiert, von denen die Taucheruhr Fifty Fathoms sowie die Air Command *(beide unten abgebildet)* Erwähnung verdienen. Vor allem Letztere verfügt über eine aggressive Ästhetik mit einem großzügig dimensionierten Gehäuse und origineller Anordnung der einzelnen Teile des Zifferblattes. Diese Details haben gemeinsam mit der »Flyback«-Funktion zum Erfolg dieser Uhr bei Liebhabern technisch raffinierter Chronographen beigetragen. Der Großteil der insgesamt tausend Stück, die hergestellt wurden, war jedoch für Piloten der US Air Force und Offiziere der Deutschen Marine bestimmt. Diese befanden sich nämlich ständig auf der Suche nach Uhren mit gut lesbaren Anzeigen und außerordentlicher Robustheit. Gerade diese Eigenschaften vereint die Air Command von Blancpain in perfekter Weise.

ÄSTHETIK
Rundes Gehäuse von 41,5 mm Durchmesser (wasserdicht bis 50 m), Chronographendrücker, drehbarer Außenring mit Anzeige der Minuten (skaliert mit Indizes und arabischen Ziffern). Schwarzes Zifferblatt, arabische Ziffern, Minutenzähler bei 3 Uhr und Hilfszifferblatt für Sekunden bei 9 Uhr. Die Zeiger sind mit einem Leuchtmaterial beschichtet. Der Sekundenzeiger des Chronographen endet in einer Pfeilspitze.

TECHNIK
Mechanismus mit Handaufzug. Neben den typischen Chronographenfunktionen (Start / Stopp / Nullstellen) verfügt die Air Command über eine Vorrichtung zum sofortigen Nullstellen, auch »Flyback«, »Retour en vol« oder Taylor-Funktion genannt.

Visitenkarte

Herstellungsjahr
ca. 1950

Gehäuse
Stahl

Zifferblatt
Schwarz

Uhrwerk
Mechanisch mit Handaufzug

Funktionen
Chronograph

Bewertung
☆☆

Die beiden repräsentativsten Uhren von Blancpain aus den 50er-Jahren: die Air Command (oben) und die Fifty Fathoms (unten).

Breguet • Type XX

Visitenkarte

Herstellungsjahr
ca. 1950

Gehäuse
Stahl

Zifferblatt
Schwarz

Uhrwerk
Mechanisch mit Handaufzug

Funktionen
Chronograph

Bewertung
☆☆

Der Name Breguet wird seit jeher in Zusammenhang mit der Welt der Militärs genannt. Als interessanter Aspekt sei dabei nur erwähnt, dass die beiden Hauptdarsteller einer der berühmtesten kriegerischen Auseinandersetzungen der Weltgeschichte, der Schlacht von Waterloo im Juni 1815, auf Uhren dieser Marke vertrauten. Sowohl Napoleon Bonaparte als auch der Herzog von Wellington besaßen einen Zeitmesser von Abraham-Louis Breguet. Viele Jahrzehnte nach Napoleons Niederlage erhielt die Firma Breguet vom französischen Staat den Auftrag, 500 Stück eines Armband-Chronographen mit der Bezeichnung Type XX herzustellen. Der Name erinnert an ein berühmtes Flugzeug aus der Produktion von Louis Breguet, einem Urenkel von Abraham-Louis sowie Flugpionier und Gründer der Flugzeugfabrik (1911). Die Breguet Type XX wurde auch als »Léviathan« bezeichnet und beherrschte zwischen den beiden Weltkriegen den Himmel Europas. Der Chronograph »Type XX« entstand in den 50er-Jahren, als sich die Französische Armee entschied, mit diesem Modell die Luftwaffe, die Marineluftwaffe und das Flugprobezentrum auszustatten. Im Laufe der Zeit folgten zahlreiche Varianten des Gehäuses (mit geringen Unterschieden bei der Aufzugskrone, Lünette und den Anzeigen auf dem Zifferblatt) für die verschiedenen Heeresbereiche. Da die Type XX als ausschließliche Militäruhr gedacht war, fanden nur sehr wenige dieser Uhren Eingang in den »zivilen« Bereich. In den 60er-Jahren entstand aber auch für die Liebhaber von Militärchronographen eine eigene Serie. Später

Rechts: Type XX von Breguet aus den 50er-Jahren. Nächste Seite: Eine der ersten Type XX, die Ende der 50er-Jahre hergestellt wurde.

wurden noch einige Exemplare, die eigentlich für die Streitkräfte vorgesehen waren, an private Käufer abgegeben. Anfang der 90er-Jahre kam eine neue Version der Type XX mit einer völlig neuen Grafik und künstlerischen Elementen auf den Markt. Diese anfänglich in Gold oder Platin gefertigte dritte Serie wurde dann auch in anderen Metallen hergestellt. Die Stahlmodelle aus dem Jahre 1995 unterscheiden sich durch die Aufzugskrone, die eine kleine Gelbgoldeinlage aufweist.

ÄSTHETIK

Bei der Type XX der 50er-Jahre besteht das Gehäuse aus Stahl (38 mm Durchmesser) und verfügt über eine drehbare Lünette in verschiedenen Formen (in einigen Fällen ist das Außenprofil gerändelt) und Funktionen; aufgeschraubter Boden, Chronographendrücker. Schwarzes Zifferblatt, Minutenzähler bei 3 Uhr, kleine Sekunde bei 9 Uhr, Stundenindizes in arabischen Ziffern, Leuchtzeiger (Radium). Die zweite Serie unterscheidet sich durch den Durchmesser (40 mm), einen schwarzen Ring und der grafischen Gestaltung des Zifferblattes mit drei Hilfszifferblättern (der Stundenzähler befindet sich bei 6 Uhr). Die letzte Serie (Gehäusedurchmesser 39 mm) verfügt über ein kanelliertes Gehäuse und einen glatten Ring.

TECHNIK

Mechanisches Uhrwerk mit Handaufzug bei der ersten und zweiten Serie, automatischer Aufzug bei der dritten Serie. Alle Kaliber der Type XX mit »Flyback«-Funktion, die durch Betätigung des Drückers ein sofortiges Nullstellen des Sekundenzeigers und erneutes Starten erlaubt.

Hamilton • General Purpose

Visitenkarte

Herstellungsjahr
1981

Gehäuse
Stahl

Zifferblatt
Schwarz

Uhrwerk
Mechanisch mit Handaufzug

Funktionen
Stunden, Minuten und Sekunden

Bewertung
☆

Diese Militäruhr wurde von Hamilton entwickelt, einem amerikanischen Unternehmen und Lieferanten der US-Armee mit Sitz in Lancaster (Pennsylvania). Die Produktion der »General Purpose« startete in den 60er-Jahren und erstreckte sich über einige Jahrzehnte. Sie besticht durch eine einfache grafische Ausführung und eine elementare, aber robuste Konstruktion. Gerade diese Merkmale waren es dann auch, welche diese Uhr zur notwendigen Grundausstattung für amerikanische Soldaten werden ließ. Ein interessantes Detail bilden dabei die Anzeigen auf dem Zifferblatt. Im äußeren Kreis finden sich die Ziffern von 1 bis 12, während in einem weiteren, inneren Kreis die Ziffern 13 bis 24 stehen. Weiters sticht die Bezeichnung »H 3« auf dem Zifferblatt ins Auge. Damit wird angezeigt, dass Tritium als Leuchtmaterial verwendet wurde. Das Symbol links daneben weist auf die Radioaktivität dieses Materials hin. Auf dem Gehäuseboden der General Purpose ist »dispose rad. waste« eingeprägt, ein weiterer Hinweis auf Radioaktivität.

ÄSTHETIK

Gehäusedurchmesser 34 mm, sandgestrahlt, feste Stege. Schwarzes Zifferblatt, arabische Nummerierung, Leuchtzeiger.

TECHNIK

Uhrwerk mit Handaufzug.

Flieger-Chronograph • Hanhart

Das 1882 von Adolf Hanhart in Deutschland gegründete Unternehmen wurde 1902 nach Schwenningen und Gütenbach verlegt, wenige Kilometer von Basel entfernt. Diese Firma stellte auf speziellen Wunsch der Deutschen Wehrmacht Chronographen her, die während des Zweiten Weltkrieges zum Einsatz kamen. Die Produktion ging noch bis 1962 weiter. Das interessanteste Merkmal bei diesen Uhren bestand in der Anordnung des Drückers für die Start- und Stoppfunktion unmittelbar beim Gehäusesteg. Diese ganz im Gegensatz zu den meisten anderen Chronographen gewählte Position sollte den Piloten die Betätigung während des Einsatzes erleichtern. Der zweite Drücker befindet sich bei 4 Uhr und ist rot gefärbt. Die Wahl dieser Farbe erfolgte aus rein symbolischen Gründen. Sie erinnert an eine Geste von Pilotenfrauen, die als Zeichen ihrer Liebe vor den Einsätzen mit Nagellack einen roten Punkt am Drücker anbrachten. Dieser romantische Aspekt »lockert« die ansonsten strenge Ästhetik der Hanhart-Chronographen auf.

Visitenkarte

Herstellungsjahr
ca. 1940

Gehäuse
Stahl

Zifferblatt
Schwarz

Uhrwerk
Mechanisch mit Handaufzug

Funktionen
Chronograph

Bewertung
☆

ÄSTHETIK

Groß dimensioniertes Gehäuse (44 mm Durchmesser), Druckboden, feste Stege, Chronographendrücker, gerändelter Drehring. Schwarzes Zifferblatt, Minutenzähler bei 3 Uhr, Kleine Sekunde bei 9 Uhr. Skelett-Zeiger, arabische Leuchtziffern.

TECHNIK

Uhrwerk mit Handaufzug, Flyback Funktion bei den beiden abgebildeten Exemplaren.

Zwei Flieger-Chronographen von Hanhart. Der wesentliche Unterschied betrifft die Skala beim rechten Modell.

IWC • Fliegeruhr

Visitenkarte

Herstellungsjahr
ca. 1930

Gehäuse
Stahl

Zifferblatt
Schwarz

Uhrwerk
Mechanisch mit Handaufzug

Funktionen
Stunden, Minuten und Sekunden

Bewertung
☆☆

Die Fliegeruhren gehören zum Erbe der Manufaktur aus Schaffhausen. Schon seit den 30er-Jahren beschritt IWC mit der Mark IX den »Weg der Lüfte«. Dieses Modell entsprach völlig den Anforderungen der Lesbarkeit, mechanischen Zuverlässigkeit, Beständigkeit gegen verschiedene Temperaturen und magnetische Einflüsse, welche eine Fliegeruhr aufweisen musste, damit die Piloten mit höchster Sicherheit fliegen konnten. Die mechanischen und ästhetischen Besonderheiten der Mark IX fanden ihren Niederschlag dann in den Nachfolgemodellen, wie der groß dimensionierten Fliegeruhr (55 mm Durchmesser), die während des Zweiten Weltkriegs für die Deutsche Luftwaffe hergestellt wurde (mit dem Kaliber 52 S.C.), und vor allem der Mark X, der Mark XI und den jüngeren Mark XII und Mark XV. Die Bezeichnung »Mark« war ursprünglich für jene Exemplare gedacht, die von den englischen Streitkräften bestellt worden waren.

Oben: große Fliegeruhr (ca. 1940). Rechts: Mark IX von IWC. Nächste Seite: Mark XI von IWC (1948).

IWC verwendete diesen Namen in der Folge auch für die »zivilen« Modelle, die aber eine deutliche militärische Komponente aufwiesen. Die Mark X, ebenfalls für die britische Armee gedacht, hat auf dem Zifferblatt ein Dreieck abgebildet, auch »broad arrow« genannt. Dieses Symbol findet sich bei allen Uhren, die für den Dienst in der englischen Krone vorgesehen waren. Das folgende Modell Mark XI führte eine wichtige Neuerung beim Gehäuse ein. Als Schutz des Uhrwerkes vor starken magnetischen Feldern wurde dieses mit einem zusätzlichen inneren Gehäuse aus ferromagnetischem Weicheisen versehen. Dieser technische Fortschritt trug maßgeblich zum Erfolg der Mark XI bei Militär- und Zivilpiloten auf der ganzen Welt bei. Seit 1988 führt IWC eine neue Serie von Fliegeruhren, die Mark XII und die Mark XV, sowie einige Modelle mit Chronographenfunktion. Diese sind grafisch von den ersten Exemplaren aus den 30er-Jahren inspiriert und mit einem doppelten antimagnetischen Gehäuse und einem neu konzipierten Uhrwerk ausgestattet.

ÄSTHETIK
Rundes Gehäuse von – je nach Modell – unterschiedlicher Größe (von 35 bis 55 mm Durchmesser), zusätzliches antimagnetisches Gehäuse aus Weicheisen (ab der Mark XI). Schwarzes Zifferblatt und Leuchtziffern und -indizes.

TECHNIK
Uhrwerk mit Handaufzug bis zur Mark XI, die späteren Modelle verfügen über einen automatischen Aufzug oder Quarzantrieb.

Visitenkarte

Herstellungsjahr
ca. 1930

Gehäuse
Plattiertes Nickel

Zifferblatt
Silbern

Uhrwerk
Mechanisch mit Handaufzug

Funktionen
Chronograph

Bewertung
☆☆☆

Longines • Type A7

Dieser Chronograph mit einem Drücker von Longines unterscheidet sich durch sein asymmetrisches Gehäuse, das um 45 Grad gegenüber der üblichen Position verschoben ist. Diese Uhr war für amerikanische Flieger gedacht und baute auf Studien über leichtere Lesbarkeit der Zeit- und Chronographen-Anzeigen für Piloten während des Fluges auf. Die Type A7, die durch ihre Größe und durch die Position der Aufzugskrone an eine Taschenuhr erinnert (eher ungewöhnlich die Lage bei 12 Uhr), entsprach in perfekter Weise den Kriterien der Lesbarkeit und Robustheit, die von der Armee gefordert wurden. Dies gilt aber auch für die vielen anderen Modelle, die von Longines an die Streitkräfte zahlreicher anderer Länder geliefert wurden.

ÄSTHETIK
Groß dimensioniertes Gehäuse (49 mm Durchmesser), doppelter Scharnierboden, Chronographendrücker auf der Aufzugskrone (Start-, Stopp- und Nullstellfunktion). Silbernes, asymmetrisch angebrachtes Zifferblatt, große arabische Ziffern, Minutenzähler bei 12 Uhr (mit ungewöhnlicher Unterteilung alle drei Minuten), Hilfszifferblatt für Sekunden bei 6 Uhr, Leuchtzeiger und -ziffern.

TECHNIK
Uhrwerk mit Handaufzug, Kaliber Longines 1872, 17 Rubine, monometallische Schraubenunruh, Breguet-Spirale.

Radiomir • Officine Panerai

Visitenkarte

Herstellungsjahr
ca. 1950

Gehäuse
Stahl

Zifferblatt
Schwarz

Uhrwerk
Mechanisch mit Handaufzug

Funktionen
Stunden, Minuten und Sekunden

Bewertung
☆☆

Aus der Werkstatt von Officine Panerai, einem in Florenz ansässigen Spezialisten für Präzisionsinstrumente, stammen einige Militäruhren, die in Sammlerkreisen zu den gesuchtesten Stücken zählen. Das erste Modell mit der Bezeichnung Radiomir kam Ende der 30er-Jahre auf den Markt und wurde von Froschmännern der Italienischen Kriegsmarine bei ihren Einsätzen getragen. Da das verwendete Material für die Leuchtanzeigen jedoch radioaktiv war, wurde diese Uhr dann von der Luminor abgelöst. Das Gehäuse existiert sowohl in runder als auch Tonnenform, wobei bei der Radiomir die beträchtliche Größe aufgrund des speziellen Schutzes für die Aufzugskrone auffällt. Dieses war ursprünglich aufgeschraubt, wurde in der Folge aber durch eine von Panerai 1956 patentierte Vorrichtung ersetzt (wenn auch bereits seit den 40er-Jahren verwendet). Dieser Sperrklinkenverschluss bestand aus einem kleinen Hebel, der die Krone gegen das Gehäuse drückte, und einem geschwungenen Aufsatz, in dem der Hebel perfekt Platz fand.

ÄSTHETIK
Die hier abgebildete Radiomir wurde im Auftrag der ägyptischen Marine hergestellt. Sie besteht aus einem Gehäuse mit 66 mm Durchmesser, einem Ring für die Tauchzeiten (Skalierung alle 5 Minuten). Das schwarze Zifferblatt weist arabische Ziffern und Stabindizes auf, Leuchtzeiger und Hilfssekunde bei 9 Uhr.

TECHNIK
Uhrwerk mit Handaufzug, Kaliber 240 Angelus (es kamen aber auch Kaliber von Rolex zum Einsatz, wobei dann kein Hilfszifferblatt für die Sekunden vorhanden war).

Omega • Pilotenuhr

Visitenkarte

Herstellungsjahr
1934

Gehäuse
Stahl

Zifferblatt
Schwarz

Uhrwerk
Mechanisch mit Handaufzug

Funktionen
Stunden, Minuten und Sekunden

Bewertung
☆☆

Die Pilotenuhr von Omega fügt sich perfekt in eine Produktion ein, die seit dem Zweiten Weltkrieg von zahlreichen Soldaten unterschiedlichster Armeen geschätzt wurde. Diese Manufaktur in Biel legte äußerste Sorgfalt auf die Lesbarkeit der Anzeigen, der vor allem während der Nachtstunden oder bei schlechten Lichtverhältnissen große Bedeutung zukam. Dasselbe gilt auch für die einfache Bedienung der Krone, die ein gerändeltes Profil aufweist und weit vom Gehäuse absteht. Großer Wert wurde auch auf eine bequeme Befestigung der Uhr um den Ärmel oder den Oberschenkel gelegt. Die Qualität der Omega bewährte sich im Jahre 1933 während des Fluges Rom–Chicago unter dem Kommando von Marschall Italo Balbo, der ebenso wie die anderen Mannschaften der 25 Wasserflugzeuge als Bordinstrument eine Uhr von Omega verwendete.

ÄSTHETIK
Rundes Gehäuse, Lünette mit doppelter Rändelung, fest verschweißte Stege. Schwarzes Zifferblatt, Nummerierung in arabischen Leuchtziffern, kleine Sekunde bei 6 Uhr, Skelettzeiger mit Leuchtbeschichtung (Radium).

TECHNIK
Mechanisches Uhrwerk mit Handaufzug, Kaliber Omega 35,5 S T1.

Chronograph Cairelli • Zenith

Dieser Chronograph von Zenith wurde im Auftrag der italienischen Militärluftfahrt entwickelt und nach seinem römischen Importeur auf den Namen Cairelli getauft. Um den spezielen Anforderungen der Piloten gerecht zu werden, musste dieses Modell äußerst robust, leicht zu bedienen (der Rand des Drehrings ist deshalb gerändelt) und entsprechend wasserdicht sein. Neben den Chronographen von Zenith lieferte Cairelli auch Chronographen von Universal an die italienische Militärluftfahrt, die ebensolche Merkmale aufweisen. Die überzeugenden mechanischen und ästhetischen Qualitäten haben den Chronograph Cairelli zu einer der beliebtesten Militäruhren gemacht.

ÄSTHETIK
Rundes, groß dimensioniertes Gehäuse (42 mm Durchmesser), Chronographendrücker, graduierte Drehlünette aus eloxiertem Aluminium. Das Gehäuse beherbergt ein zweites Gehäuse als zusätzlichen Schutz des Uhrwerks vor Verunreinigungen. Schwarzes Zifferblatt, arabische Ziffern, Minutenzähler bei 3 Uhr und kleine Sekunde bei 9 Uhr. Zeiger mit Leuchtmasse (Tritium).

TECHNIK
Mechanisches Uhrwerk mit Handaufzug, Kaliber 146 DP, 17 Rubine, monometallische Unruh und Flachspirale.

Visitenkarte

Herstellungsjahr
ca. 1960

Gehäuse
Stahl

Zifferblatt
Schwarz

Uhrwerk
Mechanisch mit Handaufzug

Funktionen
Chronograph

Bewertung
☆

TAUCHERUHREN

Rein technisch gesehen bilden Taucheruhren jene notwendigen und unerlässlichen Voraussetzungen, die den Armbanduhren den Weg in die Modernität gewiesen haben. Ihr Hauptmerkmal – die Wasserdichtheit – ist nämlich mehr als nur eine Errungenschaft des 20. Jahrhunderts. Sie war vielmehr das Sprungbrett für einen völlig neuen Gebrauch der Uhr, der bis zu diesem Zeitpunkt einfach undenkbar gewesen war und völlig neue Perspektiven auf diesem Gebiet eröffnete. Der neue Lebensstil des 20. Jahrhunderts sowie die Tatsache, dass die Uhr nun am Handgelenk getragen wurde, verlangten ein völliges Umdenken auf technisch-stilistischem Gebiet. Die modernen Zeitmesser mussten nicht nur sportlich (nach der damaligen Bedeutung des Begriffes), sondern auch funktionell sein. All dies garantierte die wasserdichte Uhr. Dieser Tatsache kommt auch große Bedeutung zu, wenn man bedenkt, dass die Armbandmodelle im Großen und Ganzen bloß Miniaturisierungen bereits seit Jahrhunderten bekannter Techniken darstellen. Einen bedeutenden technologischen Schub erfuhren überdies Uhren für den professionellen Bereich, wie etwa den Tauchsport.
Aber abgesehen von ihrer Verwendung in extremen Situationen kommt dem wasserdichten Gehäuse auch historische Bedeutung zu. Erst dadurch war nämlich die perfekte Dichtheit der Uhr im täglichen Gebrauch gegeben. Diese Tatsache darf nicht unterschätzt werden, da diese Eigenschaft nicht nur das Eindringen von Wasser, sondern auch von Staub betrifft (der mit dem Schmieröl verklumpt und sich so negativ auf die Funktion der Mechanismen auswirkt). Die Dichtheit einer Uhr stellt also nicht nur einen Wert für sich selbst dar, sondern ist gemeinsam mit den Forschungsarbeiten auf dem Gebiet der Stoßfestigkeit ein wesentlicher Schritt von der relativ sicheren Westentasche auf das wesentlich exponiertere Handgelenk.
Das Verdienst dieser epochalen Entwicklung gebührt dem Haus Rolex, das mit der Erfindung des verschraubten Gehäuses (1926) ein für alle Mal das Problem der Dichtheit gelöst hat. Als Ergebnis der Umsetzung der theoretischen Studien hin zu einer praktischen Verwendung entstand die Oyster, die praktisch zu einem Synonym für wasserdichte Uhren geworden ist. Allein die Bezeichnung (= Auster) weist schon

Links: Submariner von Rolex aus den 70er-Jahren. Vorige Seite: Pasha von Cartier (1985).

auf die spezielle Eigenschaft dieses Zeitmessers hin. Darüber hinaus stand diese Uhr 1927 im Mittelpunkt einer der ersten spektakulären Werbekampagnen in der Geschichte der Armbanduhr. Die sportliche Leistung von Mercedes Gleitze, die in 15 Stunden den Ärmelkanal durchschwamm, füllte die Seiten der damaligen Zeitschriften und Magazine. An ihrem Handgelenk trug sie dabei eine Rolex Oyster, die bei ihrer Ankunft auf der anderen Seite des Kanals noch immer perfekt funktionierte.
Das Interesse der Sammler für Taucheruhren konzentriert sich, abgesehen von historischen Exemplaren, insbesondere auf Modelle, die in verschiedener Weise den Begriff von »Sportlichkeit« repräsentieren. Zweifellos gehört dies zum Image dieser Zeitmesser. Die bedeutenden Uhrenhäuser versuchen auf verschiedene Weise, dem gerecht zu werden. Patek Philippe oder Cartier etwa kombinieren das Konzept der Dichtheit mit einem originellen Design, wie dies die Nautilus und die Pasha beweisen. Die Seamaster von Omega sowie die Submariner oder Sea-Dweller von Rolex betonen vor allem die technische Komponente. Alle diese Modelle verfügen neben verschraubter Krone und Gehäuse auch über einen in eine Richtung drehbaren Ring, um die Tauchzeit zu berechnen.

Audemars Piguet • Royal Oak

Visitenkarte

Herstellungsjahr
1972

Gehäuse
Stahl

Zifferblatt
Schiefergrau

Uhrwerk
Mechanisch mit automatischem Aufzug

Funktionen
Stunden, Minuten und Datum

Bewertung
☆☆☆

Die Royal Oak nimmt mit Recht einen Platz in der Geschichte der Uhrmacherkunst ein, da sie bei ihrer Markteinführung 1972 eine neue Kategorie der »sportlichen« Uhren eingeläutet hat. So werden Uhren bezeichnet, die Robustheit, dezenten Luxus, Eleganz im Design und große Vielseitigkeit in sich vereinen und sich gleichzeitig für sportlichen Einsatz sowohl als auch für den Galaabend eignen. Aus eben diesen Gründen erfreute sich die Royal Oak, trotz eines äußerst stolzen Preises für eine Uhr aus Stahl (das einzige Metall, das bei der ersten Version zum Einsatz kam), großer Beliebtheit unter Sammlern. Insbesondere ihre Ästhetik sorgte für beträchtliches Aufsehen, auch wenn sie im Laufe der Jahre etwas von ihrer Kantigkeit verloren hat. Die Konstruktion des Gehäuses – samt einer Lünette mit achteckigem Außenprofil, satinierter Oberfläche und einer polierten Außenstufe, die auf dem Mittelteil aufliegt, den acht kleinen Schrauben, der sechseckigen Krone und dem integrierten Uhrband – hat dafür gesorgt, dass dieses sportliche Modell aus Le Brassus mit Recht zu den Klassikern gezählt wird. Im Laufe der Jahre erfuhr die Kollektion der Royal Oak eine beträchtliche Erweiterung: Außer Stahl kamen noch andere Materialien zum Einsatz – von Gold in verschiedenen Färbungen bis zu Platin und Tantal, das üblicherweise nur in der Hochtechnologie Verwendung findet. Darüber hinaus wurden zahlreiche Komplikationen hinzugefügt, z. B. Chronograph, Ewiger Kalender, Tourbillon. Der Name Royal Oak bezieht sich auf die berühmte »Königseiche«, unter der Karl II. Schutz gesucht hatte, sowie auf eine Serie von Panzerschiffen der Royal Navy. Diese wurden ab 1862 hergestellt, und ihre Besonderheit bestand in einer Struktur aus Stahl, die unter einem Rumpf aus Holz verborgen war.

Royal Oak Chronograph aus Stahl (ca. 1990).

ÄSTHETIK
Die erste Royal Oak weist ein groß dimensioniertes Gehäuse sowie ein integriertes Uhrband auf, das sich zum Verschluss hin verjüngt. Einige Folgemodelle besitzen auch ein Uhrband aus Leder. Das schiefergraue Zifferblatt – in den Jahren danach kamen auch andere Farben und neue Formen der Nummerierung zum Einsatz – zeichnet sich durch die aufgesetzten Stabindizes aus, während die Stabzeiger aus Weißgold bestehen.

TECHNIK
Von den vielen Kalibern für das Gehäuse der Royal Oak ist das Uhrwerk mit automatischem Aufzug Kaliber AP 2121 (36 Rubine, 19.800 Halbschwingungen pro Stunde, monometallische Unruh, Flachspirale) zu erwähnen, welche das Modell aus dem Jahre 1972 antreibt.

Fifty Fathoms • Blancpain

Visitenkarte

Herstellungsjahr
ca. 1960

Gehäuse
Stahl

Zifferblatt
Schwarz

Uhrwerk
Mechanisch mit automatischem Aufzug

Funktionen
Stunden, Minuten, Sekunden und Datum

Bewertung
☆☆

Die Fifty Fathoms zeichnet sich durch ihre Dichtheit bis in eine Tiefe von 91,5 m aus (ein Faden ist eine nautische Maßeinheit und entspricht der Länge von sechs Fuß, d. h. 1,83 m). Sie verdankt ihre Bekanntheit vor allem einem mit der Goldenen Palme von Cannes ausgezeichneten Film aus dem Jahre 1956. Es war dies der Dokumentarfilm *Die Welt des Schweigens,* in dem der Forscher Jacques Cousteau seine aufregenden Tauchfahrten in die Tiefen des Meeres einem großen Publikum vor Augen führte. An seinem Handgelenk befand sich als treuer Begleiter die Fifty Fathoms von Blancpain. Dieser »Qualitätsbeweis« war es auch, der dann in den folgenden Jahren die französischen, deutschen und amerikanischen Streitkräfte veranlasste, Uhren aus diesem Haus zu verwenden. Auf der Messe von Basel stellte Blancpain 1997 ein neues Modell der Fifty Fathoms mit einem völlig neuen Äußeren vor. Darüber hinaus konnte die Dichtheit auf 300 m Tiefe verbessert werden, das entspricht 163 Faden!

ÄSTHETIK
Gehäuse aus Stahl (über 40 mm Durchmesser). Drehbare Lünette mit verschraubter Krone. Schwarzes Zifferblatt, Stabindizes und Leuchtzeiger.

TECHNIK
Uhrwerk mit automatischem Aufzug.

Cartier • Pasha

Die Pasha kam 1985 auf den Markt und orientierte sich vor allem an der legendären Geschichte und Uhrmachertradition des von Louis Cartier gegründeten Unternehmens. Der Name bezieht sich tatsächlich auf einen arabischen Potentaten, den Pascha von Marrakesch, der in den 30er-Jahren bei Cartier ein wasserdichtes Sondermodell in Auftrag gegeben hatte. Die Linienführung der »neuen« Pasha erinnert an ein wasserdichtes Modell aus den 40er-Jahren und besticht neben dem speziellen Gitter zum Schutz des Zifferblattes auch durch ein besonderes System zum Schutz der Krone. Um diesen speziellen Teil des Gehäuses – eine der problematischsten Zonen für eine absolute Dichtheit – zu schützen, erfand Cartier die Kronenhaube, die am Mittelteil mittels einer kurzen Kette befestigt wird. Diese technische und ästhetische Besonderheit der Pasha ist bei zahlreichen Damen- und Herrenmodellen zu sehen.

Visitenkarte

Herstellungsjahr
1985

Gehäuse
Gelbgold

Zifferblatt
Silbern

Uhrwerk
Mechanisch mit automatischem Aufzug

Funktionen
Stunden, Minuten, Sekunden und Datum

Bewertung
☆☆

ÄSTHETIK
Rundes Gehäuse mit 38 mm Durchmesser, in eine Richtung drehbare Lünette mit Skalierung, Krone mit verschraubter Kronenhaube und Sicherheitsbügel sowie Saphir-Cabochon. Silbernes Zifferblatt, arabische Ziffern bei 3, 6, 9 und 12 Uhr, Datumsfenster zwischen 4 und 5 Uhr, Leuchtzeiger aus brüniertem Stahl.

TECHNIK
Mechanisches Uhrwerk mit automatischem Aufzug, 25 Rubine.

Ocean 2000 • IWC Porsche Design

Diese Uhr entstand im Auftrag der Deutschen Marine und stellt in ihrer »zivilen« Form eine der interessantesten Taucheruhren hoher Uhrmacherkunst dar. Die Ocean 2000, das Ergebnis der fruchtbaren Zusammenarbeit von IWC und Porsche, vereint in sich eine Reihe technologischer Spitzenleistungen. Sie ist antiallergisch, leicht, amagnetisch und wasserdicht bis zu einem Druck von 200 Atmosphären, das entspricht einer Tiefe von 2000 m. Ein wahrlich beeindruckender Wert, der da von den Technikern dieser Manufaktur unter Verwendung entsprechend getesteter Materialien erreicht wurde. Darunter befindet sich auch Titan (aus dem das Gehäuse und Uhrband gefertigt sind). Die Wahl der Konstruktion wird durch die Verwendung eines blombierten Saphirglases von über 3 mm Stärke und spezieller Dichtungen für die einzelnen Gehäuseteile unterstrichen. Besondere Sorgfalt wurde für die in eine Richtung drehbare Lünette aufgewendet, die ein Leuchtdreieck als Bezugspunkt aufweist, um präzise den Beginn der Tauchzeit erkennen zu können. Ihre profilierte Form ermöglicht eine leichtere Bedienung.

ÄSTHETIK
Gehäuse und Uhrband aus Titan, Gehäuseboden und Krone verschraubt (die Aufzugskrone befindet sich bei 4 Uhr). Schwarzes Zifferblatt, Datumsfenster bei 3 Uhr, Leuchtindizes und -zeiger.

TECHNIK
Mechanisches Uhrwerk mit automatischem Aufzug, Kaliber IWC 37521, 21 Rubine, 28.800 Halbschwingungen pro Stunde, 40 Stunden Gangreserve.

Visitenkarte

Herstellungsjahr
1982

Gehäuse
Titan

Zifferblatt
Schwarz

Uhrwerk
Mechanisch mit automatischem Aufzug

Funktionen
Stunden, Minuten, Sekunden und Datum

Bewertung
☆

IWC • Deep One

Visitenkarte

Herstellungsjahr
1999

Gehäuse
Titan

Zifferblatt
Schwarz

Uhrwerk
Mechanisch mit automatischem Aufzug

Funktionen
Stunden, Minuten, Sekunden, Datum und mechanischer Tiefenmesser

Bewertung
☆☆

Die GST Deep One steht stellvertretend für die Bemühungen von IWC, neue Ideen zu entwickeln, um diese dann in der Praxis umzusetzen. Die Manufaktur aus Schaffhausen präsentierte bei der Basler Messe 1999 ein besonderes Tauchermodell, das über einen mechanischen Tiefenmesser verfügt. Dabei wird auf demselben Zifferblatt die Uhrzeit analog angegeben (mit der Möglichkeit, die Tauchzeit mittels eines internen verstellbaren Ringes zu messen) wie auch der entsprechende Wert der momentanen Tiefe (weißer Zeiger mit Pfeilspitze) und die maximal erreichte Tiefe (Angabe bis zu einer Höchsttiefe von 45 m durch den Zeiger mit der gelben Pfeilspitze). Die Deep One kann folglich als eine technologisch äußerst interessante Uhr bezeichnet werden, als unterhaltsames »Accessoire« an der Seite der üblicherweise bei Tauchgängen verwendeten Instrumente und vor allem als technologische Herausforderung, die von IWC mit Intelligenz und Raffinesse gemeistert wurde.

ÄSTHETIK

Das Gehäuse widersteht einem Druck bis zu 10 Atmosphären und beherbergt drei kanellierte Kronen, welche die Funktionen der Uhr und der Tiefenmessung bedienen: die Aufzugskrone (bei 3 Uhr), jene zum Verstellen des internen skalierten Rings und der Nullstellung der beiden Tiefenzeiger (bei 2 Uhr), und die Krone zum Speichern (mit dem Einlassventil) bei 4 Uhr. Schwarzes Zifferblatt, Uhr- und Tiefenzeiger mit Leuchtbeschichtung.

TECHNIK

Automatisches Uhrwerk Kaliber IWC 8914, 28.800 Halbschwingungen pro Stunde. 38 Stunden Gangreserve.

Marine • Omega

In den 30er-Jahren verfolgten die wichtigsten Manufakturen vor allem die Realisierung eines Modells mit wasser- und staubdichtem Gehäuse. Der beeindruckende Aufstieg der Armbanduhr und ihre immer größere Verbreitung hatten eine solche Entwicklung einfach notwendig gemacht. Ihr Antriebsmechanismus war nämlich während des täglichen Gebrauchs äußeren Einflüssen (vor allem Staub und Wasser) ausgesetzt, welche die Uhr zum Stillstand bringen und das empfindliche Räderwerk ruinieren konnten. Omega entwickelte ein zugleich ungewöhnliches und dennoch geniales Modell, die Marine. Ihr quadratisches Gehäuse, in dem sich der Mechanismus befand, wurde in ein zweite, auf drei Seiten hermetisch verschlossene Uhrkapsel eingeführt, die wiederum außen auf der Seite gegenüber dem Zifferblatt einen Sicherheitsverschluss aufwies. Diese auf der Grundlage eines Patentes aus dem Jahre 1930 entwickelte Uhr kam 1932 auf den Markt und wurde anfänglich in Stahl gefertigt. In den Jahren danach verwendete man aber auch wertvollere Metalle für das Gehäuse der Marine.

ÄSTHETIK
Rechteckiges Gehäuse (Größe 24 x 38 mm); Aufzugskrone bei 12 Uhr, geschützt durch die Uhrkapsel. Silbernes Zifferblatt, arabische Nummerierung der Stunden, Stabzeiger aus brüniertem Stahl.

TECHNIK
Rundes Uhrwerk mit Handaufzug aus dem Hause Omega, Brücken und Platinen mit 15 Rubinen.

Visitenkarte

Herstellungsjahr
um 1932

Gehäuse
Gelbgold

Zifferblatt
Silbern

Uhrwerk
Mechanisch mit Handaufzug

Funktionen
Stunden und Minuten

Bewertung
☆☆

Omega • Seamaster

Visitenkarte

Herstellungsjahr
1970

Gehäuse
Stahl

Zifferblatt
Silbern

Uhrwerk
Mechanisch mit automatischem Aufzug

Funktionen
Stunden, Minuten, Sekunden und Datum

Bewertung
☆

Die Seamaster kann als Modell mit »zwei Leben« angesehen werden. Das erste begann Ende der 40er-Jahre und war durch einen sehr klassischen »Look« mit einer eleganten und raffinierten Linienführung des Gehäuses gekennzeichnet. Dem folgte 1957 ein neues Konzept, das dem des »Meeres« und einer qualitativen Taucheruhr wesentlich mehr entsprach. Die Uhr kam unter der Bezeichnung Seamaster 300 auf den Markt und war bis 200 m Tiefe wasserdicht. Diese Kategorie von Zeitmessern verfügt über ein besonders dichtes Gehäuse, wie etwa die Seamaster 600, die einem Druck bis zu 60 Atmosphären standhalten kann und häufig bei Tauchgängen in großen Tiefen eingesetzt wird. Im Laufe der Jahre unterwarf Omega die Seamaster zahlreichen ästhetischen und technologischen Neuerungen. So entstand in den 90er-Jahren die »James-Bond-Uhr«, die der berühmteste aller Geheimagenten in mehreren Filmen bei seinen Einsätzen im Dienste Ihrer Majestät am Handgelenk trug.

ÄSTHETIK
Die Seamaster 600 besticht durch ihr großes Einschalengehäuse mit der Aufzugskrone bei 9 Uhr. Die außen kanellierte Drehlünette kann nur bewegt werden, wenn man den roten Drücker gedrückt hält. Schwarzes Zifferblatt mit Datumsfenster bei 3 Uhr. Leuchtindizes und -zeiger.

TECHNIK
Mechanisches Kaliber mit automatischem Aufzug.

Seamaster 600 von Omega für Tauchgänge in großen Tiefen.

Nautilus • Patek Philippe

1976 brachte die Manufaktur Patek Philippe in Genf die Nautilus als sportliche Uhr auf den Markt. Sie trägt die deutliche Handschrift von Gérald Genta und besticht durch ihre absolut innovative Form. Dieses Ergebnis steht im völligen Gegensatz zur ansonst klassischen Linienführung bei Patek Philippe. Die Liebhaber dieser Marke nahmen dieses Modell anfänglich sehr zurückhaltend auf. Mitte der 80er-Jahre kam jedoch der große Durchbruch und in der Folge entwickelte sich die Nautilus zu einem der gefragtesten sportlichen Modelle. Von den technischen Merkmalen ist vor allem das Einschalengehäuse zu erwähnen (Gehäuseboden und Mittelteil bestehen aus einem Metallblock), wobei ein Scharnier den Blick auf das Uhrwerk ermöglicht. Die Eleganz der Linienführung wird durch das reizende Wechselspiel von polierten und satinierten Oberflächen noch zusätzlich unterstützt. Das anfänglich schwarze Zifferblatt wurde später auch in verschiedenen anderen Farben und Formen gefertigt. Bei 3 Uhr befindet sich das Datumsfenster. Die Zeiger sind ebenso wie das Zifferblatt selbst mit einer Leuchtschicht versehen. Dies ermöglicht auch in der Nacht oder bei schlechten Lichtverhältnissen, wie etwa im Wasser, eine optimale Ablesbarkeit. 1998 kam eine Version der Nautilus mit einer zusätzlichen Anzeige der Gangreserve auf den Markt *(Bild unten)*. Durch diese mechanische Besonderheit, einem Patent von Patek Philippe, wird mittels einer analogen Anzeige jener Moment angegeben, an dem die Aufzugsfeder im Federhaus nicht mehr genügend Energie für ein präzises Funktionieren der Uhr liefert. Die Genfer Manufaktur bietet dieses »Juwel des Meeres« in verschiedenen Gehäusegrößen, mehreren Metallarten und sowohl als Damen- als auch Herrenmodell an. Üblicherweise ist die Nautilus mit einem Metallarmband versehen, nur die Version in Gold gibt es auch mit einem Lederarmband.

Visitenkarte

Herstellungsjahr
1976

Gehäuse
Gelbgold

Zifferblatt
Schwarz

Uhrwerk
Mechanisch mit automatischem Aufzug

Funktionen
Stunden, Minuten und Datum

Bewertung
☆☆☆

ÄSTHETIK
Wasserdichtes Einschalengehäuse bis zu einem Druck von 12 Atmosphären, mittels Druck befestigte Aufzugskrone. Bei der Nautilus mit Lederband sind sowohl Gehäuse als auch Aufzugskrone verschraubt. Schwarzes Zifferblatt (bei den späteren Versionen und dem Modell aus dem Jahre 1976 auch in anderen Farben erhältlich) mit waagrechten Streifen. Datumsfenster bei 3 Uhr. Stabindizes und Stabzeiger für Stunden und Minuten.

TECHNIK
Mechanisches Uhrwerk mit automatischem Aufzug, Kaliber Patek Philippe 28-255 C, 36 Rubine, Rotor aus Stahl mit peripherer Masse aus Gold (bei der Nautilus Edition 1976). In den Jahren danach wurden auch Quarzmechanismen sowie andere Kaliber mit automatischem Aufzug verwendet.

Rolex • Submariner

Visitenkarte

Herstellungsjahr
ca. 1970

Gehäuse
Stahl

Zifferblatt
Schwarz

Uhrwerk
Mechanisch mit automatischem Aufzug

Funktionen
Stunden, Minuten und Sekunden

Bewertung
☆☆

Die Submariner, »die« Taucheruhr aus dem Hause Rolex, zählt sicherlich zu den berühmtesten Modellen in der Uhrenwelt. Sie verdankt ihren Bekanntheitsgrad – sowie ihren Erfolg – einer Mischung aus technischen Eigenschaften und ihrer diskreten und unvergänglichen Ästhetik. Sie steht im Widerspruch zu anderen Taucheruhren ihrer Zeit, die zuerst für das Militär gedacht waren und erst dann einer alltäglichen Verwendung zugeführt wurden. Die Submariner war von Anfang an für den »zivilen« Gebrauch vorgesehen, auch wenn später die Streitkräfte einiger Länder die vielseitigen Einsatzmöglichkeiten dieser Uhr erkannten. Die Geschichte der Submariner ist außerdem mit einem wissenschaftlichen Experiment von Auguste und Jacques Picard verbunden. Diese erforschten mit ihrem Tauchschiff *Trieste* die Tiefen der Meere und erreichten dabei im Marianengraben eine Tiefe von 10.916 m. Die dabei eingesetzte Rolex besaß ein unglaublich dickes Uhrglas, das dem Druck von mehreren Tonnen pro Quadratzentimeter standhalten konnte und perfekt funktionierte, nachdem sie wieder an der Oberfläche war. Die »Serienmodelle«, die ab 1954 auf den Markt kamen, verwendeten die Referenz 6204 mit einem jeweils alle 5 Minuten unterteilten Drehring und einer stilisierten Gestaltung des Zifferblattes, das (mit geringen Abänderungen) auch bei späteren Modellen unverändert blieb. Die erste grundlegende Änderung geht auf das Jahr 1957 zurück, als Gehäuse und Drehlünette verstärkt und verbreitert wurden. 1959 tritt erstmals der Flankenschutz bei der Krone auf. In den 60er- und 70er-Jahren kamen neue Versionen mit Datum und einem stärkeren Uhrglas aus Plexiglas auf den Markt (auf das Modell mit Saphirglas musste man noch bis 1989 warten). In den 80er-Jahren kam dann der in eine Richtung verstellbare Drehring dazu. Auch der Dichtheitswert erfuhr im Laufe der Jahre eine Verbesserung und erreichte im Jahre 1986 eine Tiefe von 300 m (1000 Fuß).

ÄSTHETIK
Die Größe der Uhr hat sich mit den Jahren verändert. Die Ästhetik der Submariner blieb und bleibt jedoch unverändert mit schwarzem Zifferblatt, runden Leuchtindizes, verstellbarem Minutenring zur Berechnung der Tauchzeit, schwarzen Zeigern und Mercedes-Zeiger (bei der Submariner »Version 1954« war dies ein Stabzeiger mit Spitze).

TECHNIK
Uhrwerk stets mit automatischem Aufzug aus dem Hause Rolex.

Rechts: Submariner von Rolex aus Stahl und Gold mit Saphirglas (ca. 1990).
Nächste Seite: Submariner ohne Datum aus den 70er-Jahren.

ROLEX
660 ft = 200 m
SUBMARINER

Rolex • Sea-Dweller

Visitenkarte

Herstellungsjahr
1971

Gehäuse
Stahl

Zifferblatt
Schwarz

Uhrwerk
Mechanisch mit automatischem Aufzug

Funktionen
Stunden, Minuten und Datum

Bewertung
☆☆

Die Geburt der Sea-Dweller, dem Tiefenchampion von Rolex, hängt eng mit der Zusammenarbeit der Manufaktur aus Genf und dem Unternehmen Comex (Compagnie Maritime d'Expertise), einem Spezialisten auf dem Gebiet der Meeresforschung, zusammen. Sie gleicht vom Äußeren her stark der Submariner, von der sie die Ästhetik und Mechanik übernommen hat, wobei einige wesentliche Elemente (Gehäuse, Drehring, Uhrglas) weiter verstärkt wurden. Der wesentliche Unterschied besteht aber in einem speziellen Ventil, das sich am Mittelteil gegenüber der Aufzugskrone befindet. Dieses ermöglicht das Entweichen des Heliums während der Dekompressionsphase. Das erste Modell der Serie mit der Referenz 1665 wurde 1971 vorgestellt und garantierte eine Dichtheit bis 610 m Tiefe (entspricht 2000 Fuß) – die modernen Modelle sind schon bei 1220 m angelangt – und trug auf der Rückseite in roter Farbe die Aufschrift »Sea-Dweller Submariner 2000« (typisches Merkmal für die zwischen 1971 und 1973 hergestellten Modelle). Die Sea-Dweller der späteren Jahre verwenden statt dem Plexiglas ein Saphir-Uhrglas und besitzen ein völlig neu konzipiertes Heliumventil sowie ein automatisches Uhrwerk jüngerer Produktion.

ÄSTHETIK

Groß dimensioniertes Gehäuse; Gehäuseboden und Krone verschraubt. Schwarzes Zifferblatt, aufgesetzte runde Leuchtindizes und Leuchtzeiger.

TECHNIK

Uhrwerk mit automatischem Aufzug, Kaliber 1575, 26 Rubine bei der ersten Sea-Dweller.

Oyster • Rolex

Die Oyster (übersetzt »Auster«) besticht durch ihr wasserdichtes Gehäuse, einer Erfindung von Rolex, die 1926 zum Patent angemeldet wurde. Gemeinsam mit dem automatischen Aufzug, auch unter dem Namen Perpetual bekannt, stehen diese beiden Errungenschaften für den innovativen Geist des Hauses. Auf diese Weise ist es der Manufaktur aus Genf gelungen, ihre Vorherrschaft auf dem Gebiet der Armbanduhren weltweit zu festigen. Erstmals für Aufsehen sorgte die Oyster im Jahre 1927, als die englische Stenotypistin Mercedes Gleize mit dieser Uhr am Handgelenk den Ärmelkanal durchschwamm. In der Folge bildete das Gehäuse der Uhr die Grundlage für zahlreiche andere Modelle aus diesem Hause. Das unten abgebildete Modell stellt eines der allerersten Exemplare dar. Ihm folgten Generationen von Uhren mit zahlreichen verschiedenen Variationen und einer Vielzahl von mechanischen und ästhetischen Lösungen. Dennoch zeichnete alle ein einziger gemeinsamer Nenner aus: die Fähigkeit, das Uhrwerk konsequent und beständig vor Feuchtigkeit und Staub zu schützen.

ÄSTHETIK
Kissenförmiges Gehäuse, feste Stege, kanellierte Lünette, verschraubte Krone. Weiß emailliertes Zifferblatt, arabische Nummerierung der Stunden, brünierte Zeiger, kleine Sekunde bei 6 Uhr.

TECHNIK
Mechanisches Uhrwerk mit Handaufzug, 15 Rubine, Flachspirale und bimetallische Unruh.

Visitenkarte

Herstellungsjahr
ca. 1926

Gehäuse
Gelbgold

Zifferblatt
Silbern

Uhrwerk
Mechanisch mit Handaufzug

Funktionen
Stunden, Minuten und Sekunden

Bewertung
☆☆

TECHNISCHE UHREN

Technische Uhren sind viel mehr als bloße Zeitmesser, können aber mit den so genannten »Uhren mit Komplikationen« nicht ganz mithalten. Die »technischen« Modelle stellen eine eigene Kategorie in der vielfältigen und genau klassifizierten Welt der Uhren dar, wobei sie verschiedenste Bereiche berühren. Es handelt sich dabei um Zeitmesser, die insgesamt gewisse mechanische und ästhetische Merkmale gemeinsam haben. Diese sind jedoch niemals auf den Selbstzweck ausgerichtet, sondern stellen eine präzise Verbindung zur funktionalen Besonderheit der Uhr selbst her. Das Sammeln solcher Stücke kann nicht als reine Leidenschaft und Liebhaberei angesehen werden und auf gar keinen Fall als Spielfeld für finanzielle Spekulationen. Das umfangreiche Suchen, Katalogisieren und Sammeln technischer Uhren setzt eine genaue Kenntnis dieser speziellen Materie voraus. Das geschulte Auge muss dabei auf bestimmte Merkmale der Funktionen und des Designs gerichtet sein, die den meisten Sammlern gar nicht auffallen. Der Blick auf den »technischen« Aspekt der Uhr erlaubt keine Oberflächlichkeit. Er darf sich aber auch nicht durch äußerliche Aspekte wie wertvolle Materialien oder ausgesuchte Formen ablenken lassen. Und schon gar nicht darf man versuchen, mechanische Besonderheiten ganz genau zu analysieren.
Liebhaber von Uhren sind offensichtlich Genießer, die sowohl mechanische Besonderheiten wie z. B. einen Ewigen Kalender als auch die gelungene Herstellung einer speziellen Uhr für den Abend zu schätzen wissen. Aber bei technischen Uhren wird eine ganz bestimmte Taktik verfolgt, die rein auf die Funktion ausgerichtet ist. Die Außergewöhnlichkeit jeder einzelnen Uhr dieser Kategorie besteht zur Gänze in ihrer Fähigkeit, ein praktisches Problem zu lösen. Selbstverständlich klingt diese Einteilung sehr theoretisch und scheint eher für einen wissenschaftlichen Diskurs als für die Wahl einer Uhr geeignet. Aber Uhren dieser Art gibt es in derartiger Menge, dass der erfolgreiche Einsatz in der Praxis ein wichtiges Kriterium darstellt. Es gibt wahrscheinlich auch niemanden, der ausschließlich »technische« Uhren sammelt, aber in jeder halbwegs kompetenten Sammlung findet man sicherlich einige Exemplare dieser Kategorie.
Für alle gilt das Beispiel der Explorer I von Rolex: Jemand hat sie einmal als Quintessenz der modernen Armbanduhr bezeichnet. Sie hat nicht mehr und nicht weniger an sich, als ein moderner Zeitmesser haben sollte. Weder wirkt sie vom ästhetischen Standpunkt her übertrieben verziert noch sieht man ihr die hohen technischen Inhalte

*Rechts: Lindbergh von Longines.
Nächste Seite: Master Geographic von Jaeger-LeCoultre.*

von außen an. Sie ist (wenn man dies so ausdrücken darf) einfach perfekt. Ein Instrument, im Wesentlichen für die moderne Messung der Zeit konstruiert.
Prinzipiell gelten diese Überlegungen auch für die schwieriger zu bewertenden Modelle, wie etwa die »Weltzeituhr« von Patek Philippe. Ihr komplizierter Mechanismus steht verkehrt proportional zur Einfachheit der Darstellung der 24 Zeitzonen (mit Ausnahme einiger Länder wie Indien oder Nepal, wo sich die offizielle Zeit aus der Hinzufügung von Stunden oder Bruchteilen von Stunden ergibt. In diesem Fall ist die für die restliche Welt mögliche Synchronisierung nicht vorgesehen, welche Unterschiede in regelmäßigen Zeitintervallen voraussetzt). Dasselbe gilt aber auch für das Uhrenhaus Eberhard, das eine eigene Serie von Uhren mit einer Gangreserve von 8 Tagen in seinem Programm hat (dies kam nur bei den wesentlich größeren Taschenuhren vor). Aber auch für IWC, das eines seiner Modelle sogar mit einem Kompass ausgestattet hat. Dieses technische Unterfangen musste vor allem die Frage der Magnetfelder lösen, da der Kompass in deren Bereich nicht funktionieren kann.

A. Lange & Söhne • Lange 1

Visitenkarte

Herstellungsjahr
1994

Gehäuse
Gelbgold

Zifferblatt
Silbern

Uhrwerk
Mechanisch mit Handaufzug

Funktionen
Großdatum, Gangreserve

Bewertung
☆☆

Diese Uhr steht stellvertretend für die Wiedergeburt von A. Lange & Söhne, einem traditionsreichen deutschen Unternehmen, das in den 90er-Jahren des 20. Jahrhunderts eine Serie von technisch innovativen Modellen auf den Markt gebracht hat. Die strenge Ästhetik wird noch durch das neu eingeführte »Großdatum« unterstrichen, das bei einer speziellen von Lange patentierten Version zum Einsatz kommt. Dieses besticht durch seine gute Lesbarkeit und lässt sich sehr einfach verstellen, indem man den entsprechenden Drücker betätigt. Vom mechanischen Standpunkt gesehen überzeugt die Lange 1 durch die für die Uhren aus Glashütte typischen Dreiviertelplatinen. Die Kleinstadt Glashütte liegt nur wenige Kilometer von Dresden entfernt und galt als Wiege der deutschen Präzisionsuhren. Ausschlaggebend dafür waren die so genannten Chatons (d. h. in Gold gefasste Rubinlager, die mit zwei oder drei Schrauben fixiert sind) sowie die patentierte Schwanenhals-Feinregulierung. Das ist ein Stellmechanismus, der aus Rückerzeiger und Stahlfeder in Form eines Schwanenhalses besteht.

ÄSTHETIK
Rundes, groß dimensioniertes Gehäuse (über 38 mm Durchmesser, 10 mm Höhe), Saphirglasboden. Drücker zur Korrektur des Datums im Mittelteil. Zifferblatt mit dezentraler Anzeige der Stunden und Minuten, kleine Sekunde bei 5 Uhr, Anzeige der Gangreserve und Großdatum.

TECHNIK
Uhrwerk Kaliber L901.0, Handaufzug, 53 Rubine; 100 Stunden Gangreserve (der Mechanismus verfügt über ein doppeltes Federhaus).

Rechts: Lange 1 (1994).
Oben: Lange 1A, ein Modell in limitierter Auflage.

8-Tage-Modell • Eberhard

Visitenkarte

Herstellungsjahr
1997

Gehäuse
Stahl

Zifferblatt
Silbern, Blau, Weiß

Uhrwerk
Mechanisch mit Handaufzug

Funktionen
Gangreserve von 8 Tagen

Bewertung
☆

Die 8-Tage-Armbanduhr von Eberhard mit Handaufzug garantiert eine Gangdauer von acht Tagen. Die Grundlage dafür liefert eine patentierte Vorrichtung dieses Hauses, die aus zwei kraftschlüssig miteinander verbundenen Federn besteht, die sich in zwei getrennten Federhäusern befinden. Das größere davon, dessen Deckel keine Verzahnung aufweist, enthält eine weitere, etwas kürzere Feder. Das zweite Federhaus greift direkt in das Räderwerk des Antriebs ein, wobei die im Federhaus befindliche Feder die Gangreserve der Uhr verlängert. Diese muss also nur einmal pro Woche aufgezogen werden, ohne dass dadurch die Regelmäßigkeit des Gangs verändert wird (in diesem Zusammenhang sollte nicht vergessen werden, dass die Armbanduhren in den 30er- und 40er-Jahren häufig unter dieser Unregelmäßigkeit zu leiden hatten). Die Länge dieser Feder verdient ebenfalls besondere Erwähnung: Sie misst rund anderthalb Meter! Die 8-Tage-Uhr bietet überdies eine optische Anzeige für die Gangreserve auf dem Zifferblatt, die – natürlich – in acht Abschnitte unterteilt ist (auch diese Vorrichtung basiert auf einem Patent von Eberhard).

ÄSTHETIK
Gehäuse mit einem Durchmesser von rund 40 mm, Höhe von 12 mm, poliert, Gehäuseboden mit sechs Schrauben befestigt. Zifferblatt in blauer, weißer und silberner Farbe, arabische Nummerierung (das silberne Zifferblatt hat hingegen römische Ziffern), zentrale Blattzeiger, kleine Sekunde bei 6 Uhr und Anzeige der Gangreserve zwischen 9 und 10 Uhr.

TECHNIK
Uhrwerk mit Handaufzug, Kaliber Eberhard 896-8J, 25 Rubine.

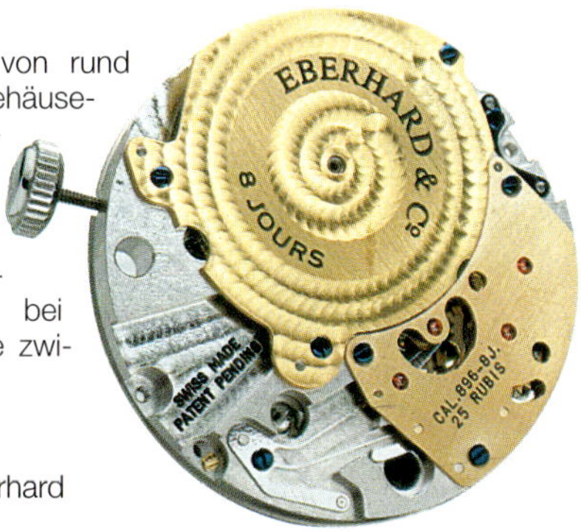

Die 8-Tage von Eberhard und ihr Mechanismus.

IWC • Ingenieur

Visitenkarte

Herstellungsjahr
1955

Gehäuse
Stahl

Zifferblatt
Silbern

Uhrwerk
Mechanisch mit automatischem Aufzug

Funktionen
Erhöhter Schutz vor Magnetfeldern

Bewertung
☆☆

1955 setzte sich IWC zum ersten Mal mit dem Thema Antimagnetismus bei Uhren für zivile Zwecke auseinander. Das Ergebnis war die Ingenieur, die jedoch von militärischen Modellen inspiriert war. Sie verfügt über ein doppeltes Gehäuse (das Innere besteht aus Weicheisen) und ihr Schriftzug auf dem Zifferblatt wird durch einen dünnen Pfeil gekreuzt. In ihrem Inneren befindet sich das Kaliber 8541, ein einfacher und gleichzeitig genialer Mechanismus. Dieser sorgt für eine große Gangreserve und lässt sich sehr einfach reparieren, was nur auf die wenigsten andern Automatikuhren dieser Zeit zutrifft. Durch ihre Robustheit und Zuverlässigkeit konnte sich die Ingenieur über zwanzig Jahre lang behaupten, ohne dass irgendwelche grundlegenden Änderungen notwendig gewesen wären. Diese Eigenschaften machten sie zu einem beliebten Gefährten auf Forschungsreisen, wie etwa von Sir Hillary, dem Erstbesteiger des Mt. Everest. Dieser trug bei seiner Durchquerung des Rossmeeres (Südpol) eine Ingenieur am Handgelenk. 1976 kam eine völlig neue Version dieses Modells auf den Markt, wobei der sportliche Charakter durch eine besonders innovative Linienführung sowie ein integriertes Armband hervorgehoben wurde. Das Gehäuse mit verschraubtem Boden und verschraubter Krone widersteht einem Druck bis zu 12 Atmosphären. Ein Weicheisengehäuse schützt den Mechanismus vor Magnetfeldern bis zu einer Stärke von 80.000 A/m. Das Modell erhielt die Bezeichnung Ingenieur SL und besticht durch einige ästhetische und technische Veränderungen (z. B. einer Lupe für das Datum). Zu den interessantesten Modellen zählen die Ingenieur mit einem bis zu 500.000 A/m sicheren Gehäuse (einer bis heute unerreichten Leistung), ein Damenmodell mit Ewigem Kalender oder die Ingenieur aus Titan.

ÄSTHETIK
Die Ingenieur aus dem Jahre 1955 überzeugt durch ein rundes, wasserdichtes Gehäuse und eine polierte Lünette. Das silberne Zifferblatt verfügt über aufgesetzte Stabindizes, ein Datumsfenster bei 3 Uhr und Leuchtzeiger in Stabform. Die Ingenieur SL gibt es auch mit schwarzem Zifferblatt sowie Indizes und Zeiger, die mit einer Leuchtschicht versehen sind.

Links: Ingenieur aus dem Jahre 1955.
Vorige Seite: Modell der Version SL aus dem Jahre 1976 (oben) und ein Exemplar mit Chronometerzertifikat (ca. 1990, unten).

TECHNIK

Das erste Modell der Ingenieur verwendete das Kaliber 8521 mit automatischem Aufzug, das in der Folge durch das Kaliber 887, ebenfalls mit automatischem Aufzug, sowie Glucydur-Unruh, Nivarox-Spirale und Platinrotor ersetzt wurde. Andere Versionen, die anschließend auf den Markt kamen, arbeiten mit automatischen Mechanismen jüngerer Generation und Quarzwerk, z. B. dem Kaliber 633, das neben den traditionellen Funktionen auch über einen Chronographen und Wecker verfügt.

IWC Porsche Design • Kompass

Visitenkarte

Herstellungsjahr
1991

Gehäuse
Titan

Zifferblatt
Schwarz

Uhrwerk
Mechanisch mit automatischem Aufzug

Funktionen
Kompass

Bewertung
☆

Das erste Modell einer Serie, die aus der Zusammenarbeit zwischen IWC und Ferdinand Porsche entstanden ist, war eine Uhr mit Kompass (1978). Dieser anfänglich mit einem Gehäuse aus Stahl und schwarzer Oberfläche gefertigten Version folgte dreizehn Jahre später ein Titanmodell, da sich dieses Metall besser mit dem sportlichen Image von Porsche verbinden ließ. Die Uhr weist zwei Teile auf: eine obere Hälfte, welche die eigentliche Uhr beherbergt, sowie einen unteren Teil, in der sich der Kompass befindet. Das Ganze lässt sich mittels eines Druckknopfes am unteren Steg öffnen. Zum Schutz des Kompasses vor den störenden Einflüssen der Magnetfelder sind alle Teile des Mechanismus aus paramagnetischen Materialen gefertigt (d. h. Materialien, die in einem Magnetfeld bei kleinen Feldstärken eine der Feldstärke proportionale Magnetisierung annehmen und daher die Nadel des Kompasses nicht beeinflussen). Durch die Verwendung von Titan für das Gehäuse und das Uhrband wird ein perfekter Amagnetismus gewährleistet.

ÄSTHETIK
Gehäuse mit 40 mm Durchmesser, wasserdicht bis drei Atmosphären. Aufzugskrone dreifach kanelliert und bei 4 Uhr positioniert. Integriertes Uhrband. Schwarzes Zifferblatt mit Datumsfenster bei 3 Uhr, Leuchtzeiger in Stabform, weiße Minuten- und Stundenzeiger, roter Sekundenzeiger.

TECHNIK
Uhrwerk mit automatischem Aufzug aus dem Hause IWC.

Futurematic • Jaeger-LeCoultre

Die Futurematic stellt die perfekte Verbindung zwischen der reinen Funktion einer Uhr und ihrem wesentlichen Design dar. Jaeger-LeCoultre hat hier ein automatisches Uhrwerk entwickelt, das seine Premiere bei der Futurematic feiern durfte. Erstmals weist eine Uhr eine eigene optische Anzeige für die Gangreserve auf, die klar und deutlich angibt, wie viel »Energie« noch vorhanden ist. Sie macht also darauf aufmerksam, dass die im Federhaus befindliche Feder ihre Spannung verloren hat und wieder durch Bewegungen mit der Hand aufgezogen werden muss. Als weiterer deutlicher Hinweis auf den automatischen Antrieb der Futurematic ist die Aufzugskrone – ein wesentlicher Bestandteil beim Handaufzug – »verborgen« angebracht. Sie befindet sich nicht bei 3 Uhr, wie den meisten anderen Modellen üblich, sondern im Gehäuseboden.

ÄSTHETIK
Rundes Gehäuse (Durchmesser 34 mm). Silbernes Zifferblatt (bei späteren Versionen wurden auch andersfarbige Zifferblätter verwendet), kleine Sekunde bei 3 Uhr, Anzeige der Gangreserve bei 9 Uhr, Dauphin-Zeiger aus Gold.

TECHNIK
Uhrwerk mit automatischem Aufzug, Kaliber JLC 497, 17 Rubine, monometallische Unruh, Kompensationsfeder. Neben dem Kaliber JLC 497 wurden bei der Futurematic auch andere JLC-Kaliber verwendet, stets mit automatischem Aufzug.

Visitenkarte

Herstellungsjahr
1953

Gehäuse
Gelbgold

Zifferblatt
Silbern

Uhrwerk
Mechanisch mit automatischem Aufzug

Funktionen
Gangreserve

Bewertung
☆☆

Jaeger-LeCoultre • Memovox

Visitenkarte

Herstellungsjahr
1950

Gehäuse
Stahl

Zifferblatt
Silbern

Uhrwerk
Mechanisch mit automatischem Aufzug

Funktionen
Wecker

Bewertung
☆

Die von Jaeger-LeCoultre 1956 vorgestellte Uhr mit Weckfunktion (das Modell mit Handaufzug stammt aus dem Jahre 1950) dient, wie der Name schon andeutet, zur Erinnerung an Termine oder als eine Art »Wecker am Handgelenk«. Die zahlreichen Versionen aus den 60er-Jahren zeugen von den Anstrengungen dieses Hauses, die Memovox den Anforderungen einer zunehmend steigenden Zahl von Liebhabern anzupassen. Als Folge wurden eine Vielzahl von unterschiedlichen Zifferblättern und bisweilen auch ungewöhnlichen Einsatzmöglichkeiten entwickelt, wie dies beispielsweise das Modell Parking beweist: Dieses Modell konnte nämlich auf akustische

Weise das Ende der Parkzeit anzeigen. Die 90er-Jahre brachten dann die Renaissance der Memovox mit einigen ästhetischen Änderungen und einer Fülle von technischen Neuerungen. Dieses Modell von Jaeger-LeCoultre zählt sicherlich zu den repräsentativsten aus dem Haus aus Le Sentier.

Oben: Memovox Parking (1950). Rechts: Memovox Compressor (1960).

ÄSTHETIK
Rundes, groß dimensioniertes Gehäuse sowie zwei Kronen zum Verstellen der Zeiger und Einstellen der Weckfunktion. Silbernes Zifferblatt (schwarz bei der »Compressor«). Interne, verstellbare Scheibe für das Einstellen des Weckers.

TECHNIK
Die Memovox verfügt über ein Uhrwerk mit automatischem Aufzug (ausgenommen einige Modelle mit Handaufzug) aus dem Hause Jaeger-LeCoultre.

Géographique • Jaeger-LeCoultre

1990 stellte Jaeger-LeCoultre für Vielreisende und Liebhaber technischer Uhren die Géographique mit ihren Vielfachfunktionen vor. Damit konnte man die jeweilige Ortszeit in jedem Winkel der Welt anzeigen. Dazu kam noch eine Anzeige für die Gangreserve und eine analoge Datumsangabe. Trotz dieser Fülle ist das Zifferblatt dennoch leicht lesbar. Durch Betätigung der zusätzlichen Krone bei 10 Uhr kann man die Uhrzeit sehr leicht an einem anderen Ort ablesen – verglichen mit der Hauptzeitangabe durch den Stunden- und Minutenzeiger auf dem Hilfszifferblatt bei 6 Uhr. Durch eine rein ästhetische Veränderung im Jahre 1996 entstand die Master Geographic (bei dieser Gelegenheit wurde auch gleich ein neuer Name eingeführt), die es in verschiedenen Versionen in Gold, Platin und Stahl (nur bei der zweiten Serie) gibt.

Visitenkarte

Herstellungsjahr
1990

Gehäuse
Gelbgold

Zifferblatt
Bicolor

Uhrwerk
Mechanisch mit automatischem Aufzug

Funktionen
Weltzeit, Datum, Anzeige der Gangreserve

Bewertung
☆☆

ÄSTHETIK

Rundes Gehäuse, Gehäuseboden mit vier Schrauben fixiert, Regulierungskrone der 24 Zeitzonen bei 10 Uhr. Korrekturdrücker für das Datum auf dem Mittelteil bei 2 Uhr. Silbernes Zifferblatt, Stabzeiger, Anzeige der Gangreserve, des Datums mittels Zeiger und der zweiten Zeitzone bei 6 Uhr (in 24 Stunden). Oberhalb von 12 Uhr befindet sich ein Fenster für die den 24 Zeitzonen entsprechenden Städtenamen (beim »Modell 1996« ist dieses Fenster unten).

TECHNIK

Uhrwerk mit automatischem Aufzug, Kaliber JLC 929 mit unterschiedlichen Merkmalen je nach Version.

Links: Géographique.
Oben: Master Geographic in Platin (1998).

Longines • Lindbergh

Visitenkarte

Herstellungsjahr
ca. 1930

Gehäuse
Stahl/Gelbgold

Zifferblatt
Zweifarbig

Uhrwerk
Mechanisch mit automatischem Aufzug

Funktionen
Anzeige der Stundenwinkel

Bewertung
☆

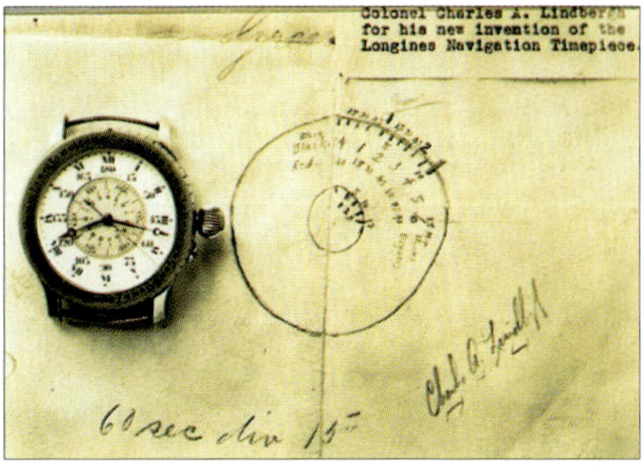

Die Stundenwinkeluhr, eines der berühmtesten Erzeugnisse aus der Manufaktur in St.-Imier, ist weltweit mit dem Namen ihres Erfinders, Charles Lindbergh, verbunden. Dieser Pionier der amerikanischen Luftfahrt, dem 1927 der erste Transatlantikflug mit der berühmten *Spirit of St. Louis* gelang, ließ diese Uhr nach seinen Plänen bei Longines herstellen. Die Anregungen dazu kamen von Capt. Philip Weems, dessen Navigationsschüler Lindbergh gewesen war. Mit dieser Uhr sollte es dem Piloten möglich sein, seine Flugposition nur mit Hilfe des Zeitsignals und der Sonne zu bestimmen. Lindbergh entwarf ein Modell, das Weems dann perfektionierte. Mit diesem Prototyp sowie einigen anderen Instrumenten, die bei einem Flug unabdingbar sind, kann der Stundenwinkel (Zeit zwischen zwei Meridiandurchgängen) mittels einer Reihe von mathematischen Berechungen bestimmt werden. So entstand im Jahre 1931 die »Hour Angle Watch« von Longines, eine groß dimensionierte, massive Uhr mit leicht lesbaren Anzeigen.

ÄSTHETIK
Rundes Gehäuse mit einem Durchmesser zwischen 32 und 47 mm (je nach Modell). Zifferblatt mit gravierter Drehscheibe im Inneren. Beidseitig drehbare Lünette mit gravierter Skala.

TECHNIK
Uhrwerk mit Handaufzug aus dem Hause Longines bei der ersten Lindbergh. Die Lindbergh jüngeren Datums trägt ein Kaliber Longines 674, 25 Rubine.

Rechts: Lindbergh von Longines. Oben: Die nach den Zeichnungen ihres Erfinders hergestellte Uhr.

Weltzeituhr • Patek Philippe

Die Produktion der »Weltzeituhr« von Patek Philippe begann im Jahre 1937, wobei diese Uhr wohl für jede Sammlung einen absoluten Höhepunkt darstellt. Seither entstanden die verschiedensten Gehäuseformen, Zifferblätter und Funktionsweisen. Eine ausgeklügelte Technik erlaubt es, auf einem emaillierten, mehrfarbigen Zifferblatt sofort die Uhrzeit verschiedenster Weltstädte abzulesen. Bei den besonders wertvollen Stücken sind auf dem Zifferblatt die einzelnen Kontinente in Email abgebildet. Jene Modelle mit nur einer Krone verfügen über einen drehbaren Außenring, der sich von Hand verstellen lässt und die Namen der Städte trägt. Das in 24 Stunden unterteilte Zifferblatt kann mittels der Krone verstellt werden. Bei der Version mit zwei Kronen lassen sich die Uhrzeit und der 24-Stunden-Ring durch die bei 3 Uhr angebrachte Krone verstellen. Die Krone bei 9 Uhr hingegen bewegt die Scheibe mit den Namen der Weltstädte. 1940 wurde auf speziellen Wunsch ein Unikat der Weltzeituhr mit Chronographenfunktion hergestellt. Dieses faszinierende und schöne Stück, das die Bezeichnung »Universalzeit« erhielt, erlebte im Jahre 2000 eine Neuauflage mit einem automatischen Uhrwerk und zwei Kronen.

Visitenkarte

Herstellungsjahr
ca. 1940

Gehäuse
Gelbgold

Zifferblatt
Silbern

Uhrwerk
Mechanisch mit Handaufzug

Funktionen
Weltzeit

Bewertung
☆☆☆☆

ÄSTHETIK
Rundes Gehäuse (es gibt nur ein Exemplar mit Formgehäuse). Zifferblatt häufig auf speziellen Kundenwunsch gefertigt.

TECHNIK
Uhrwerk Patek Philippe mit Handaufzug.

Zwei Modelle von Patek Philippe. Links: ein Exemplar aus den 40er-Jahren. Oben: ein herrliches Stück aus den 50er-Jahren.

Patek Philippe • Zwei Zeitzonen

Visitenkarte

Herstellungsjahr
ca. 1960

Gehäuse
Gelbgold

Zifferblatt
Silbern

Uhrwerk
Mechanisch mit Handaufzug

Funktionen
Zwei Zeitzonen

Bewertung
☆☆☆☆

Die erste Uhr mit zwei Zeitzonen aus dem Hause Patek Philippe wurde auf Grundlage eines eigenen Patentes im Jahre 1959 hergestellt. Dabei wird die zweite Zeitzone auf dem Zifferblatt mittels eigener Zeiger angegeben, wobei der erste – für die Heimzeit – aus Gold und der zweite – für die Ortszeit – aus brüniertem Stahl gefertigt ist. Zwei Drücker, die sich im Mittelteil gegenüber der Aufzugskrone befinden, bewegen den Stundenzeiger für die Ortszeit und sorgen daher für die richtige Synchronisation. Falls die Ortszeit mit der Heimzeit übereinstimmt, stehen die beiden Zeiger übereinander. In den Jahren danach wurden in immer geringerer Stückzahl weitere Modelle mit einer zweiten Zeitzone hergestellt. In den 90er-Jahren kam die Travel Time auf den Markt, die sich jedoch – abgesehen von einigen technischen und ästhetischen Neuerungen – weitgehend an dem Modell aus dem Jahre 1959 orientiert.

ÄSTHETIK
Bei den Exemplaren aus den 60er-Jahren beträgt der Durchmesser des Gehäuses 35 mm, die Lünette ist flach und glatt. Das Gehäuse der Travel Time besitzt einen Durchmesser von 34 oder 30 mm (Damenmodell) und eine kanellierte Lünette. Silbernes Zifferblatt mit Stabindizes bei den älteren Modellen, Breguet-Ziffern auf weißem Hintergrund bei der Travel Time.

TECHNIK
Bei den Uhren aus den 60er-Jahren kam als Basiskaliber das Kaliber 400 mit Handaufzug zum Einsatz. Bei der Travel Time das Kaliber 215PS FUS mit Handaufzug, 18 Rubine.

Rechts: Modell mit zwei Zeitzonen von Patek Philippe (ca. 1960).
Oben: Travel Time.

Explorer • Rolex

Die Geschichte der Explorer ist eng mit der Erstbesteigung des Mt. Everest am 29. Mai 1953 verbunden. Sir Edmund Hillary, der Hauptdarsteller dieses Unternehmens, trug dabei einen Prototyp der Explorer mit Lederband, der ganz speziell für diesen legendären Aufstieg gefertigt wurde. Dieses Modell diente in der Folge als Inspiration für jene Version, die in den 60er-Jahren unter der Bezeichnung Explorer Super Precision auf den Markt kam. Sie war jedoch mit einem Stahlband sowie mit einem Gehäuse aus Stahl und einem Uhrglas aus Plexiglas versehen. Gehäuseboden und Krone waren verschraubt, das Datum fehlte. Auf dem für die Explorermodelle der folgenden Jahre typischen schwarzen Zifferblatt wechselten sich Indizes und arabische Ziffern bei 3, 6 und 9 Uhr ab. Dies gilt auch für die Modelle der 70er-Jahre mit dem Oyster-Gehäuse aus Stahl und der Aufschrift »superlative chronometer officially certified« auf dem Zifferblatt. Die Versionen der 80er-Jahre zeichnen sich durch die Referenz 1016 aus, während bei der Explorer mit der Referenz 14270 das traditionelle Plexiglas durch ein Saphirglas ersetzt wurde.

ÄSTHETIK

Gehäuse mit 35 mm Durchmesser. Schwarzes Zifferblatt, aufgesetzte Indizes und arabische Ziffern, teilskelettierte Zeiger mit Leuchteinlage.

TECHNIK

Die Explorer Super Precision trägt ein automatisches Uhrwerk (12,5 Linien) mit 17 Rubinen. Die Explorer hat in der Folge auch andere Rolex-Kaliber verwendet, stets mit automatischem Aufzug.

Visitenkarte

Herstellungsjahr
ca. 1980

Gehäuse
Stahl

Zifferblatt
Schwarz

Uhrwerk
Mechanisch mit automatischem Aufzug

Funktionen
Stunden, Minuten

Bewertung
☆☆

Rolex • Explorer II

Visitenkarte

Herstellungsjahr
ca. 1970

Gehäuse
Stahl

Zifferblatt
Schwarz

Uhrwerk
Mechanisch mit automatischem Aufzug

Funktionen
Zwei Zeitzonen

Bewertung
☆☆

Die Explorer II spielt das sportliche Thema der Explorer weiter, wobei sie dieses im ästhetischen und funktionellen Bereich gründlich auf den Kopf stellt. Es gibt zwei verschiedene Versionen mit einer festen Lünette und 24-Stunden-Einteilung. Die Aufzugskrone erhält einen Flankenschutz. Die erste Explorer II, unter Liebhabern auch als »Steve McQueen« bekannt, verfügt über ein schwarzes Zifferblatt mit Balkenindizes – mit Ausnahme des großen Leuchtdreiecks bei 12 Uhr – und einem Datumsfenster bei 3 Uhr. Ein vierter roter Zeiger mit Pfeilspitze gibt die Tages- und Nachtzeiten an, was sich beispielsweise als sehr nützlich bei Höhlenexpeditionen erweist (dafür war die Explorer II ursprünglich auch gedacht). Höhlenforscher laufen nämlich bei ihren Erkundungen bisweilen Gefahr, zwischen Tag und Nacht nicht mehr unterscheiden zu können. In den 90er-Jahren wurde eine zweiten Version der Explorer II präsentiert, bei der ein zusätzlicher unabhängiger Stundenzeiger der Anzeige einer zweiten Zeitzone dient.

ÄSTHETIK

Gehäuse mit rund 40 mm Durchmesser sowohl beim Modell »Steve McQueen« als auch bei der jüngeren Explorer II. Schwarzes Zifferblatt (bei der neuesten Explorer II auch weiß).

TECHNIK

Uhrwerk mit automatischem Aufzug, Kaliber 1570, 26 Rubine bei der Explorer II der 70er-Jahre. Die Folgemodelle verwenden das Kaliber 3185 mit automatischem Aufzug und 26 Rubinen.

GMT • Rolex

Die erste Rolex mit einer »zweiten Zeitzone« kam 1954 auf den Markt. Die GMT Master (GMT steht für Greenwich Mean Time, der Zeit des Nullmeridians, die als Bezug für die Berechnung der Zeit auf der ganzen Welt gilt) besitzt neben den Stunden-, Minuten- und Sekundenzeigern aus Gold einen weiteren Zeiger, der für eine Umdrehung 24 statt 12 Stunden benötigt. Er kann dadurch die Zeit der zweiten Zeitzone auf der außen angebrachten Drehlünette mit 24-Stunden-Skala anzeigen. Die Uhr selbst, die bis zum Jahre 2000 hergestellt wurde, verfügt über Gehäuse aus Stahl, aus Stahl/Gold oder aus Gold. Als Weiterentwicklung folgte die GMT II. Sie erhielt eine dritte Zeitzone, die mittels der Zeiger und des Drehrings angezeigt wird. Möglich wurde dies durch den 12-Stunden-Zeiger, der als eine Art unabhängiger Schleppzeiger nach vorne oder rückwärts verstellt werden kann. Die drei Zeitzonen werden durch den 12-Stunden-Zeiger und den 24-Stunden-Zeiger auf dem Zifferblatt sowie durch den 24-Stunden-Zeiger auf dem äußeren Drehring angegeben. Der Minutenzeiger bleibt davon unberührt. Diese Version aus dem Hause Rolex wird in verschiedenen Metallarten hergestellt.

ÄSTHETIK
Bei beiden Modellen ein Oyster-Gehäuse in Tonneauform (Gehäuseboden und Krone sind verschraubt). Im Laufe der Jahre sind zahlreiche ästhetische und technische Änderungen vorgenommen worden, wie z. B. der Flankenschutz bei der Krone und die Verwendung von Saphir- statt Plexiglas. Bei den Versionen in Stahl ist das Zifferblatt schwarz. Die Exemplare aus Gold/Stahl sowie die wertvolleren Versionen aus Gold weisen verschiedene Variationen des Zifferblattes auf, z. B. in Bronze oder mit Edelsteinen verziert. Der in beide Richtungen verstellbare Ring wird in Schwarz, Braun (Version mit Zifferblatt in Bronze) und Bicolor (Rot und Blau bei der GMT, Rot und Schwarz bei der GMT II) angeboten.

TECHNIK
Das erste bei der GMT verwendete Uhrwerk war ein Rolex 12 Linien mit automatischem Aufzug, das in der Folge durch das Kaliber 3175 – stets mit automatischem Aufzug – ersetzt wurde. Die Zeiger der GMT II werden hingegen durch ein Kaliber 3185 mit automatischem Aufzug angetrieben.

Visitenkarte

Herstellungsjahr
ca. 1980

Gehäuse
Stahl

Zifferblatt
Schwarz

Uhrwerk
Mechanisch mit automatischem Aufzug

Funktionen
Zweite Zeitzone

Bewertung
☆☆

Modell GMT mit schwarzem Ring und Oyster-Armband.

Tissot • Navigator

Visitenkarte

Herstellungsjahr
ca. 1950

Gehäuse
Gelbgold

Zifferblatt
Silbern

Uhrwerk
Mechanisch mit automatischem Aufzug

Funktionen
Weltzeit

Bewertung
☆☆

Die Navigator von Tissot steht stellvertretend für die Produktionen dieses Schweizer Hauses, das seit 1853 Modelle mit interessanten und innovativen Zusatzfunktionen auf den Markt bringt, u. a. die erste Uhr mit einem Gehäuse aus Plastik (die Idee 2001), die Rockwatch aus Stein oder die Woodwatch aus Holz. Die Funktionen der Navigator von Tissot ergeben sich aus dem Zwischenspiel der zahlreichen Elemente ihres Gehäuses und Zifferblattes. Die Zeiger, die in einer Stunde eine volle Umdrehung durchführen, zeigen die Ortszeit auf einer zwölfgeteilten Lünette an. Die innere Scheibe, auf der sich die Namen der für die 24 Zeitzonen stehenden Städte befinden, vollführt alle 24 Stunden eine komplette Umdrehung und kann mittels der bei 3 Uhr befindlichen Aufzugskrone verstellt werden. Diese dient natürlich auch zum Einstellen der Uhrzeit (so kann auf Ortszeit und eine bestimmte Referenzzeit synchronisiert werden). Der kleine Drücker bei 2 Uhr ermöglicht die Einstellung der Zeit, ohne den Innenring mit den Städten zu verstellen. Noch eine kurze Anmerkung: Das Symbol zwischen den Signaturen Auckland- und Midway-Inseln steht für die Datumslinie, d. h. jenen exakten Punkt, an dem sich auf unserem Planeten das Datum ändert. Die Navigator, in den 50er- und 60er-Jahren eine der meistverkauften Uhren, wurde im Laufe der 90er-Jahre neu aufgelegt – mit einem Quarzuhrwerk und einem völlig neuen Äußeren.

ÄSTHETIK
Rundes Gehäuse mit 36 mm Durchmesser, Lünette mit eingravierter Anzeige der 12 Stunden, Drücker bei 2 Uhr zum Einstellen der Zeit. Silbernes Zifferblatt mit Anzeige der 24 Stunden und Scheibe mit den Städten, Dauphin-Zeiger.

TECHNIK
Die bei den Modellen der 60er-Jahre verwendeten Mechanismen verfügten über einen automatischen Aufzug.

Cricket • Vulcain

Eine interessante Uhr, deren Besonderheit in ihrer zusätzlichen Weckfunktion besteht. Die in verschiedenen Gehäuseformen produzierte Cricket von Vulcain (entweder in Stahl oder in Gold) basiert auf einem amerikanischen Patent. Sie verfügt über einen Drücker, der das Einstellen oder Abstellen des Weckers ermöglicht. Um die akustische Qualität des Klanges zu verbessern, verwendet die Cricket einen doppelten Resonatorboden, der als Membran und Resonanzkörper fungiert. Der Gehäuseboden hingegen ist mit einigen Löchern versehen, um die Klangstärke zu erhöhen.

ÄSTHETIK
Gehäuse mit rund 34 mm Durchmesser aus Gelbgold, Aufzugskrone bei 3 Uhr, Drücker zur Regulierung des Weckers bei 2 Uhr, Druckboden. Silbernes Zifferblatt mit aufgesetzten Indizes und arabischen Ziffern, Gelbgoldzeiger.

TECHNIK
Uhrwerk mit Handaufzug, 17 Rubine, monometallische Schraubenunruh, Flachspirale, 18.000 Halbschwingungen pro Stunde. Die spezielle Aufzugskrone ermöglicht das Aufziehen der zwei Federhäuser, die das Geh- bzw. Weckerwerk antreiben.

Visitenkarte

Herstellungsjahr
ca. 1950

Gehäuse
Gelbgold

Zifferblatt
Silbern

Uhrwerk
Mechanisch mit Handaufzug

Funktionen
Wecker

Bewertung
☆☆

UHREN MIT CHRONOGRAPHEN

Laut statistischer Verkaufszahlen für Armbanduhren stehen die Modelle mit Chronographen seit rund zwanzig Jahren mit deutlichem Abstand an erster Stelle, wobei sich vor allem das männliche Publikum davon fasziniert zeigt. Diese speziellen Uhren zeichnen sich durch ein zusätzliches Gangwerk (mechanisch oder elektronisch) aus, um die Dauer von Ereignissen messen zu können. Es ist sogar möglich, zwei Vorgänge mit unterschiedlichem zeitlichen Beginn und unterschiedlicher Dauer zu stoppen. Eine solche Zeitnahme erfordert jedoch eine zusätzliche Vorrichtung in Form eines weiteren Zeigers, der als Schleppzeiger oder Rattrapante bezeichnet wird. Vom ästhetischen Standpunkt aus bestechen Chronographen durch ihre betont sportliche Ausführung. Die beiden seitlichen Gehäusedrücker und das Zifferblatt mit den zahlreichen Indikationen verleihen sogar in Gold ausgeführten Modellen einen eher schlichten Charakter.

Ein nicht unwesentlicher Teil dieser Uhren wurde allerdings für eine ausschließlich professionelle Verwendung entworfen und entwickelt, z. B. für Piloten, Techniker, Geologen oder Militärs. Die meisten Chronographen zeichnet ein äußerst strenges funktionales Äußeres aus. Das gilt beispielsweise für die gesamte Produktpalette von Omega oder Breitling, deren Modelle seit jeher in enger Beziehung zur Luftfahrt stehen. Zahlreiche Details lassen auch bei den »zivilen« Versionen eine professionelle Spezialisierung erkennen. Dazu zählen die Skalen auf dem Zifferblatt, das entspiegelte Uhrglas, die groß dimensionierten und leuchtenden Indizes oder die extrem robuste und zuverlässige Bauweise.

Wenn man von Chronographen spricht, darf man auf keinen Fall die Firma Zenith vergessen, die mit ihrem El Primero-Uhrwerk einen wahren Höhepunkt auf dem Gebiet der mechanischen Uhrmacherkunst geschaffen hat. Es handelt sich dabei um das erste automatische Schnellschwinger-Chronographenwerk, das ständig weiterentwickelt wurde und bei den Spitzenmodellen des Hauses zum Einsatz kommt. Mit 36.000 Halbschwingungen pro Stunde erreicht El Primero die höchste Präzision, die bei einem mechanischen Werk möglich ist. Ein Gehäuse aus Stahl oder Gold sowie

Rechts: Speedmaster »Monduhr« von Omega aus Stahl (ca. 1990). Nächste Seite: »Oyster Chronograph Antimagnetic« von Rolex in Gold.

ein absolut strenges und klares Design kennzeichnen die Spitzenprodukte von Girard-Perregaux. Dazu zählt auch die Chronographenserie »Pour Ferrari«, die im Rahmen einer genau abgesprochenen Übereinkunft mit der Scuderia aus Maranello entworfen wurde. Die vom französischen Architekten Alain Silberstein gestalteten Chronographen bestechen ebenfalls durch ihr Design. Seine Entwürfe verbinden neueste Techniken mit ästhetischer Raffinesse und ermöglichen bei der Komplikation Schleppzeiger überraschende Lösungen. Eine Erwähnung verdient auch die Daytona von Rolex, die sich im letzten Jahrzehnt zu einem wahren Statussymbol entwickelt hat. Dies jedoch nicht nur wegen ihrer hervorragenden Bauart, sondern auch aus einem weitaus trivialeren Grund: Da sie nur sehr schwer erhältlich ist, findet man sie vor allem an den Handgelenken der VIPs.

Audemars Piguet • Chronograph

Visitenkarte

Herstellungsjahr
ca. 1940

Gehäuse
Gelbgold

Zifferblatt
Zweifarbig

Uhrwerk
Mechanisch mit Handaufzug

Funktionen
Chronograph

Bewertung
☆☆☆

Die Meisteruhrmacher aus Le Brassus haben im Laufe ihrer Geschichte Chronographen von seltener Schönheit und außergewöhnlicher mechanischer Qualität entworfen. Das hier vorgestellte Beispiel stammt aus den 40er-Jahren und besticht durch eine perfekte Mischung aus Ästhetik und Uhrmacherkunst. Die Eleganz der Formen, die perfekte Ablesbarkeit des Zifferblattes und der Mechanismus – mit Schaltradsteuerung der Funktionen – verleihen diesem Chronographen von Audemars Piguet ein klassisches, unverkennbares Äußeres. Eine Erwähnung verdient auch die Tachymeterskala am Zifferblatt, die das Ablesen von Geschwindigkeiten (z. B. eines Autos) erlaubt.

ÄSTHETIK
Rundes Gehäuse, Druckboden, »olivenförmige« Chronographendrücker, champagnerfarbenes Zifferblatt mit Stabindizes und römischen Ziffern bei 12 und 6 Uhr. Zählerzifferblätter in Kontrastfarbe. Minutenzähler (Skala bis 30) bei 3 Uhr. Hilfszifferblatt für kleine Sekunde bei 9 Uhr. Brünierte Zeiger.

TECHNIK
12-Linien-Uhrwerk mit Handaufzug, 22 Rubine, bimetallische Unruh mit Stahlfeder. Regulierung des Gangreglers – und in der Folge der Spirale – erfolgt mittels Mikrometerschrauben (Schwanenhals-Feinregulierung).

Chronograph mit Mono-Rattrapante • Bovet

Diese Uhr von Bovet unterscheidet sich durch zwei spezielle Funktionen, die zu den drei klassischen jedes Chronographen (Start / Stopp / Nullstellung) noch hinzukommen. Die Aktivierung erfolgt über den Drücker bei 2 Uhr. Ein zweiter Drücker bei 4 Uhr erlaubt es überdies, den Sekundenzeiger des Chronographen anzuhalten. Lässt man diesen wieder laufen, springt der Zeiger nach vorne und holt so die während des Stillstandes verstrichenen Sekunden wieder ein. Es handelt sich um dieselbe Vorrichtung zum Messen der Sekunden wie beim Schleppzeiger, wobei dafür aber nur ein Zeiger verwendet wird. Der Mono-Rattrapante (so wird diese Art von Chronographen bezeichnet) weist jedoch einen wesentlichen Nachteil auf, der sich negativ auf seine weitere Entwicklung ausgewirkt hat. Im Unterschied zu den komplizierteren Chronographen mit Schleppzeiger kann der Mono-Rattrapante die verstrichenen chronographischen Sekunden nur innerhalb der ersten Minute messen. Nach diesem Zeitintervall zieht sich die Spirale, die diesen speziellen Mechanismus auszeichnet, stark zusammen und bewirkt so einen plötzlichen Stillstand der Uhr.

ÄSTHETIK
Gehäuse mit einem Durchmesser von 35 mm. Runde Chronographendrücker. Schwarzes Zifferblatt, arabische Ziffern, Minutenzähler bei 3 Uhr. Hilfszifferblatt für Sekunde bei 9 Uhr. Tachymeterskala, teilskelettierte Zeiger.

TECHNIK
14-Linien-Uhrwerk mit Handaufzug, 17 Rubine, monometallische Unruh, Breguet-Spirale.

Visitenkarte

Herstellungsjahr
ca. 1950

Gehäuse
Stahl

Zifferblatt
Schwarz

Uhrwerk
Mechanisch mit Handaufzug

Funktionen
Chronograph mit Mono-Rattrapante

Bewertung
☆

Breitling • Navitimer

Visitenkarte

Herstellungsjahr
ca. 1952

Gehäuse
Stahl

Zifferblatt
Schwarz

Uhrwerk
Mechanisch mit Handaufzug

Funktionen
Chronograph mit Rechenschieber

Bewertung
☆☆

Der Navitimer, eine der langlebigsten Kollektionen auf dem Uhrenmarkt, ist durch eine in beiden Richtungen drehbare Lünette mit integriertem Rechenschieber gekennzeichnet (bereits beim ersten Modell 1952 und bei allen anderen Nachfolgemodellen verwendet). Dieses für die Erfordernisse der Luftnavigation geschaffene Instrument ermöglicht gemeinsam mit den drei konzentrischen Skalen am Rande des Zifferblattes die rasche und leichte Durchführung sehr komplexer Berechnungen (Entfernung, Geschwindigkeit, Treibstoffverbrauch, Navigationszeit, Umwandlung von Kilometer in Meilen oder Knoten oder auch nur einfache mathematische Aufgaben). Durch diese Eigenschaften stieg der Chronograph aus Grenchen innerhalb kürzester Zeit zur offiziellen Uhr der AOPA (Aircraft Owners and Pilots Association) auf. Als Hilfestellung für die mathematischen Funktionen des Navitimer enthält die Originalverpackung ein umfangreiches Handbuch, mit dessen Hilfe man sämtliche Möglichkeiten dieses Instrumentes nützen und den Rechenschieber für seine Zwecke verwenden kann.

Nächste Seite: Navitimer von Breitling mit dem Symbol der AOPA auf dem Zifferblatt. Rechts: Navitimer in Gold aus dem Jahre 1967. Oben: Modell »Old Navitimer« aus den 90er-Jahren.

ÄSTHETIK

Der erste Navitimer hat im Laufe der Jahre zahlreiche Veränderungen erfahren. Das Gehäuse, das anfänglich knapp über 40 mm im Durchmesser und fast 15 mm in der Höhe maß, wurde bei einigen Versionen einer »Abmagerungskur« unterzogen. Dies führte zu einer Reduzierung der Außenmaße, ohne jedoch die mechanischen Qualitäten und Funktionen zu beeinträchtigen. Die chronographischen Zifferblätter bei 3, 6 und 9 Uhr sind jedoch teilweise verschoben worden, um das Datumsfenster bei 3 Uhr unterzubringen. Die Zifferblätter – im Allgemeinen in Weiß, Blau und Schwarz gehalten mit den Zäh-

lern in Kontrastfarbe – gibt es in unterschiedlichen grafischen Lösungen. Dies trifft auch auf die Indizes zu (die Stabindizes wurden häufig durch arabische Ziffern ersetzt). Die letzten Versionen des Navitimer weisen überdies als besonderes Merkmal einen speziell geformten Chronographen-Sekundenzeiger auf, an dessen Ende sich ein »B« für Breitling sowie ein Anker befinden. Die Spitze hingegen endet in einem roten Pfeil.

TECHNIK

Den Navitimer, ursprünglich mit Handaufzug (mit den Kalibern Venus, Valjoux und Breitling), gibt es seit den 90er-Jahren auch mit Automatikwerken, darunter die Kaliber Breitling 13 und Breitling 30.

Breitling • Chronomat

Visitenkarte

Herstellungsjahr
1942

Gehäuse
Stahl

Zifferblatt
Silbern

Uhrwerk
Mechanisch mit Handaufzug

Funktionen
Chronograph mit Rechenschieber

Bewertung
☆☆

Chronomat von Breitling aus dem Jahre 1942, der erste Chronograph mit Rechenschieber.

Es handelt sich hier um den ersten Chronographen mit Rechenschieber (zwei nummerierten Skalen, die gegeneinander verdreht werden können, um rasch komplexe mathematische Berechnungen durchzuführen). Dies ist auch schon das ganze Geheimnis des Chronomat, der aufgrund dieser Besonderheit als Inspiration für andere berühmte Modelle aus dem Hause Breitling, wie etwa des Navitimer, gedient hat. Seit den Exemplaren mit Handaufzug und klassischer Form der 40er-Jahre war der Chronomat im Laufe der Jahre ständigen Veränderungen unterworfen. 1969 präsentierte er sich in einem völlig neuen Look mit automatischem Uhrwerk. Anlässlich der Hundertjahrfeier des Hauses 1984 kam eine Version auf den Markt, die zwar noch den Namen dieses berühmten Modells trug, jedoch gänzlich neu konzipiert war. Der Rechenschieber befindet sich nicht mehr am Zifferblatt, und als besonderes Merkmal kennzeichnet den neuen Chronomat eine drehbare Lünette mit 4 Reitern – besonderen Anzeigen am Ring alle 15 Minuten.

ÄSTHETIK
Rundes Gehäuse in sehr unterschiedlicher Größe je nach Jahr der Herstellung. Die Zifferblätter und Zeiger sind stets im Stil der jeweiligen Zeit ausgeführt, in welcher der Chronomat gefertigt wurde.

TECHNIK
Bis 1969 Uhrwerk mit Handaufzug. Danach wurden verschiedene Kaliber verwendet, auch automatische (Chronomatic).

Duograph • Breitling

Ein Chronograph mit Schleppzeiger von höchster Qualität: Mit diesen Worten kann der hier vorgestellte Duograph aus den 50er-Jahren beschrieben werden. Der französische Begriff »à rattrapante« wird weltweit dafür verwendet, um eine besondere Art von Chronographen zu bezeichnen. Dazu zählt auch dieses Modell von Breitling, bei dem sich die Chronographen-Sekunden- und Schleppzeiger teilen, wenn man den entsprechenden Drücker betätigt. Durch eine neuerliche Betätigung desselben Drückers stellen sich beide Zeiger wieder übereinander und laufen dann paarweise weiter. So können auch Teilzeiten abgelesen werden, weshalb der Chronograph mit Schleppzeiger bei der Zeitmessung im Sport breite Anwendung findet.

ÄSTHETIK
Rundes Gehäuse mit einem Durchmesser von 37 mm, Chronographendrücker. Die Schleppzeigerfunktion wird durch das Drücken der Aufzugskrone aktiviert. Silbernes Zifferblatt, Anzeige der Stunden mit arabischen Leuchtziffern, Tachymeterskala am Zifferblattrand. Zeiger aus brüniertem Stahl (mit Leuchtmasse beim Stunden- und Minutenzeiger). Schleppzeiger in roter Farbe.

TECHNIK
14-Linien-Uhrwerk mit Handaufzug, 17 Rubine, Schraubenunruh und Breguet-Spirale.

Visitenkarte

Herstellungsjahr
ca. 1950

Gehäuse
Stahl

Zifferblatt
Silbern

Uhrwerk
Mechanisch mit Handaufzug

Funktionen
Chronograph mit Schleppzeiger

Bewertung
☆☆☆

Eberhard • Chronograph mit einem Drücker

Visitenkarte

Herstellungsjahr
ca. 1920

Gehäuse
Gelbgold

Zifferblatt
Weiß

Uhrwerk
Mechanisch mit Handaufzug

Funktionen
Chronograph

Bewertung
☆☆

Die Herstellung von Armband-Chronographen stellt in dieser Manufaktur aus La-Chaux-de-Fonds eine Tradition dar, die auf die ersten Jahrzehnte des letzten Jahrhunderts zurückgeht. Die ersten Modelle mit festen Stegen, Lünette sowie einem Scharnierboden orientierten sich noch an den Taschenuhren. Auf das frühe Produktionsalter des hier vorgestellten Modells weist auch die spiralförmig am Zifferblatt angeordnete Tachymeterskala hin, deren Einteilung deutlich von modernen Chronographen abweicht. Die zu dieser Zeit aufkommenden ersten Automobile weckten zwar die Neugier und Bewunderung der Menschen, erreichten jedoch auf den Straßen – meistens Schotterwege – eine Höchstgeschwindigkeit von maximal 20 bis 30 km pro Stunde. Der Tachymeter der Uhr orientierte sich folglich an den Werten, die den damals üblichen Geschwindigkeiten entsprachen.

ÄSTHETIK

Rundes Gehäuse, feste Stege mit Gelenk, Chronographendrücker bei 2 Uhr. Weißes Emailzifferblatt, arabische Ziffern, Zifferblatt der Sekunde bei 9 Uhr und Chronographen-Minutenzeiger – bis 30 Minuten – bei 3 Uhr. Spiralförmige Tachymeterskala, Telemeterskala am Zifferblattrand. Breguet-Stunden- und Minutenzeiger aus Gold.

TECHNIK

15-Linien-Uhrwerk mit Handaufzug, 17 Rubine.

Extra-fort • Eberhard

Die »Uhrenfabrik« Eberhard brachte in den 30er- und 40er-Jahren eine sehr erfolgreiche Kollektion von Chronographen mit der Bezeichnung Extra-fort auf den Markt. Als Urform gilt ein Modell mit Schleppzeigerfunktion, dem aber auch weitere Versionen im Stil der ersten Extra-fort folgten. Dazu kommen noch die Exemplare mit einfachem Chronographen. Das hier abgebildete Stück stammt aus den frühen 60er-Jahren und weist als Besonderheit die als »Triostart« bezeichnete Anordnung der Chronographendrücker auf. Der Drücker bei 2 Uhr funktioniert wie bei einem Chronograph mit nur einem Drücker, da er nacheinander die Funktionen Start, Stopp sowie Nullstellung auslöst. Der Drücker bei 4 Uhr – ein Gleitschieber – bewirkt durch ein Verschieben nach unten den Stopp des Chronographenzeigers. Durch Rückstellen in die Ausgangsposition nimmt der Zeiger seinen Gang wieder auf.

ÄSTHETIK
Gehäuse mit 39 mm Durchmesser, rechteckige Drücker. Silbernes Zifferblatt, Stabindizes und arabische Ziffern bei 12 und 6 Uhr. Minutenzähler bei 3 Uhr, Hilfszifferblatt der Sekunde bei 9 Uhr, Tachymeterskala am Rand, Dauphin-Zeiger aus Gold für Minute und Stunde.

TECHNIK
14-Linien-Uhrwerk mit Handaufzug, 17 Rubine, Schraubenunruh mit Flachspirale.

Visitenkarte

Herstellungsjahr
ca. 1960

Gehäuse
Gelbgold

Zifferblatt
Silbern

Uhrwerk
Mechanisch mit Handaufzug

Funktionen
Chronograph

Bewertung
☆☆

Girard-Perregaux • Chronograph Foudroyante

Visitenkarte

Herstellungsjahr
1999

Gehäuse
Roségold

Zifferblatt
Silbern

Uhrwerk
Mechanisch mit automatischem Aufzug

Funktionen
Chronograph mit Schleppzeiger und Zeiger für Achtelsekunde

Bewertung
☆☆

Dieses besonders interessante Modell aus der Manufaktur in Le Locle verfügt als »Hauptakteur« über einen kleinen roten Zeiger, dessen rasche Bewegungen auf einem Hilfszifferblatt bei 9 Uhr beobachtet werden können. Als Chronograph S.F. bezeichnet, war er als Geschenk zum 70. Geburtstag der »Scuderia Ferrari« gedacht. Immer wenn der Chronograph gestartet wird, vollführt dieser kleine Zeiger innerhalb einer Sekunde eine volle Umdrehung. Diese so genannte »seconde foudroyante« erlaubt es auf analoge Weise problemlos und einfach, Zeitabschnitte von einer Achtelsekunde zu messen – sobald der Chronograph angehalten wird. Die Anregung für diese besondere Vorrichtung stammt von bestimmten Taschenmodellen, wobei vor allem ein Exemplar eines Taschenchronographen mit Schleppzeiger und 1/4-Sekundenzeiger zu erwähnen ist, das Girard-Perregaux um das Jahr 1880 erzeugt hat. Der Schleppzeiger-Chronograph S.F. beherbergt diesen 1/8-Sekunden-Mechanismus in einem Gehäuse von äußerster Schönheit, wobei der Drücker für diese Funktion in die Aufzugskrone integriert wurde. Diese Uhr kam in einer limitierten Auflage von insgesamt 750 Stück auf den Markt, wobei je ein Drittel in Gold (Weißgold, Gelbgold, Roségold), in Platin und in Titan gefertigt wurde. Die mechanische Besonderheit ist Zeugnis für das außergewöhnliche technische Können, welches Girard-Perregaux auf dem Gebiet der Zeitmesser schon immer bewiesen hat.

ÄSTHETIK
Groß dimensioniertes Gehäuse (40 mm Durchmesser und 14,4 mm Höhe), zwei Chronographendrücker, Drücker für die Schleppzeigerfunktion in die Aufzugskrone integriert. Schwarzes oder weißes Zifferblatt mit Tachymeterskala und aufgesetzten arabischen Ziffern sowie Blattzeigern.

TECHNIK
Uhrwerk Kaliber GP 8020 mit automatischem Aufzug, 40 Rubine.

Chronograph Carrera • Heuer

Die Geburt des Chronographen Carrera hängt mit den Husarenstücken von Pedro und Ricardo Rodriquez, zwei Formel 1-Piloten, sowie mit Jack Heuer, dem Enkel des Gründers der gleichnamigen Schweizer Firma, zusammen. Jack, ein großer Liebhaber des Automobilsports, war fasziniert von den Erzählungen der beiden Brüder über die Carrera Panamericana, einem Straßenrennen im Stile der Mille Miglia. Diese beiden Rennen erweckten bei den Zuschauern nämlich äußerst starke Emotionen und Begeisterung wegen der waghalsigen Manöver der Rennpiloten, welche bisweilen nur wenige Zentimeter entfernt mit halsbrecherischer Geschwindigkeit aneinander vorbeirasten. Der Mythos der Carrera, die nur einige wenige Jahre veranstaltet wurde (erstmals 1950), veranlasste Jack

Visitenkarte

Herstellungsjahr
ca. 1970

Gehäuse
Stahl

Zifferblatt
Schwarz

Uhrwerk
Mechanisch mit Handaufzug

Funktionen
Chronograph

Bewertung
☆

Oben: Carrera von Heuer aus den 70er-Jahren. Links und nächste Seite: zwei Neuauflagen aus den 90er-Jahren.

Heuer, den 1964 vorgestellten sportlichen Chronographen auf diesen Namen zu taufen. Das klare Design und die leichte Ablesbarkeit des Zifferblattes erwiesen sich dabei als wesentlich für den Erfolg. Die Carrera stand am Anfang einer Serie von Chronographen des Uhrenhauses aus Marin, welche die Namen der bekanntesten Rennstrecken erhielten. Ihre Besonderheit bestand in der Stellkrone, die üblicherweise links angebracht wurde. Um den Nachfragen der zahlreichen Liebhaber gerecht zu werden, hat TAG Heuer (der neue Firmenname seit 1985) eine Neuauflage der Carrera aus dem Jahre 1964 auf den Markt gebracht.

ÄSTHETIK

Die erste Carrera aus dem Jahre 1964 besaß ein wasserdichtes Gehäuse mit zwei Chronographendrückern und einem Zifferblatt mit drei Zählern sowie ein im Zentrum leicht gewölbtes Plexiglas als Uhrglas. Das Uhrband aus Leder war durchlöchert und orientierte sich stilistisch an den für Rennfahrer typischen Handschuhen. Die »Version 1996« ist bezüglich Gehäuse, Lederband und Größe identisch mit der ersten Carrera, trägt aber nicht mehr denselben Namen (dieser wird nämlich von anderen Unternehmen verwendet).

TECHNIK

Die Carrera »Edition 1964« verfügt über ein Kaliber Valjoux 72 mit Handaufzug. In den folgenden Jahren gab es einige Varianten, beispielsweise mit Datumsfenster (bei 9 Uhr), die durch ein Uhrwerk der Marke Landeron mit Handaufzug angetrieben wurden. 1969 folgte die automatische Carrera mit einem in Zusammenarbeit mit anderen Häusern völlig neu entwickelten Uhrwerk. Die Carrera des Jahres 1996 hingegen wird durch das Kaliber Lemania 1873 angetrieben, welches das ursprüngliche Valjoux-Kaliber ersetzt hat.

Stoppsekunde • Longines

Die Stoppsekunde von Longines kann nicht als Chronograph im engeren Sinn angesehen werden. In ihr wird aber die Messung eines Vorgangs mittels einer Uhr auf höchst einfache Weise verwirklicht. Durch Festhalten des Drückers kann der Sekundenzeiger aus der Mitte auf Null gestellt werden. Dieser läuft dann sofort wieder weiter und erlaubt es, Ereignisse von einer Dauer unter einer Minute zu messen. Allerdings ist keine genaue Messung möglich, da der Zeitpunkt des Starts nicht exakt festgelegt werden kann. Dies gilt auch für den Stopp, der bei laufendem Zeiger zu ermitteln ist. Die Vorrichtung der Stoppsekunde hingegen erleichtert das Einstellen der genauen Uhrzeit, da diese die Synchronisation des Sekundenzeigers mit einer anderen Uhr erlaubt. Der weitere Sekundenzeiger auf dem Zifferblatt, der typisch für die Modelle mit der Stoppsekunde ist, befindet sich immer in Bewegung.

ÄSTHETIK
Rundes Gehäuse, gerade Bandanstöße, Drücker für die Stoppsekunde bei 2 Uhr. Silbernes Zifferblatt, aufgesetzte arabische Ziffern, Minutenzähler aus der Mitte, laufende Sekunde bei 6 Uhr.

TECHNIK
Uhrwerk Kaliber Longines 332 mit Handaufzug, 17 Rubine, Reifenunruh mit Flachspirale.

Visitenkarte

Herstellungsjahr
ca. 1940

Gehäuse
Vergoldet

Zifferblatt
Silbern

Uhrwerk
Mechanisch mit Handaufzug

Funktionen
Sofortiges Nullstellen des Sekundenzeigers

Bewertung
☆

Omega • Speedmaster

Visitenkarte

Herstellungsjahr
1957

Gehäuse
Stahl

Zifferblatt
Schwarz

Uhrwerk
Mechanisch mit Handaufzug

Funktionen
Chronograph

Bewertung
☆☆

Die Geschichte der Speedmaster von Omega ist unauslöschlich mit dem 21. Juli 1969 verbunden. Um 2 Uhr 56 GMT dieses Tages verwirklichte Neil Armstrong einen der größten Träume der Menschheit: die Eroberung des Mondes. Die Astronauten von Apollo XI, dem Raumschiff dieser Mondfahrt, trugen die Speedmaster von Omega, die nach dieser außergewöhnlichen Leistung den Namen »Moon Watch« erhielt. Die Speedmaster wurde aufgrund ihrer Qualitäten bei mehr als zwanzig offiziellen Missionen der NASA eingesetzt, von der Gemini bis zur Apollo, von den Astronauten der Space Shuttle bis zu den sowjetischen Kosmonauten der Sojusmissionen. Im Laufe ihrer Geschichte – die erste Speedmaster kam 1957 auf den Markt – entwickelte Omega mehr als sechzig verschiedene Versionen dieses Paradebeispieles eines Chronographen. Trotz der bisweilen starken Unterschiede in der Bauweise behielt sie immer ihren eigenen Charakter. Neben der Moon Watch (die die Bezeichnung Professional trägt) gibt es noch andere Linien innerhalb der Speedmaster-Familie, wie etwa die Kollektion der Automatikmodelle mit einem etwas sportlicheren Gehäuse und Zifferblatt. Besonderes Sammlerinteresse gilt den Modellen mit Flüssigkristalldisplay aus den 60er-Jahren (mit dem Uhrwerk Kaliber Omega 1620). Aber auch die Speedmaster mit Ewigem Kalender, die zur 700-Jahr-Feier der Helvetischen Konföderation auf den Markt kam, erfreut sich großer Beliebtheit.

Nächste Seite: Die erste Speedmaster (1957). Rechts die »Professional Moon Watch« zur Feier des 30. Jahrestages der Mondlandung.

ÄSTHETIK

Das bekannteste Modell ist die Professional Moon Watch, deren Urversion auf dem Mond »landete« und durch ein schwarzes Zifferblatt mit Chronographen-Minuten- und Stundenzähler bei 3 und 6 Uhr gekennzeichnet ist. Die laufende Sekunde befindet sich bei 9 Uhr. Das Gehäuse sticht sofort ins Auge (40 mm Durchmesser) und verfügt über eine Tachymeterskala in schwarzer Farbe auf der Lünette. In der ursprünglichen Form besteht das Uhrglas zum Schutz des Zifferblattes aus gewölbtem Plexiglas. Einige Serien weisen Variationen wie etwa ein Saphirglas oder modifizierte Zifferblätter, Ziffern und Zeiger auf. Die Speedmaster Automatic zeichnet sich durch zahlreiche Besonderheiten aus, wie etwa einen deutlich geringeren Durchmesser im Vergleich zur Moon Watch.

TECHNIK

Bei der Speedmaster wurden im Laufe der Jahre verschiedene Omega Kaliber mit Handaufzug, Automatik oder Quarzantrieb verwendet. Die häufigsten davon sind die Kaliber 321 und 861 (Handaufzug) sowie die Kaliber 1040, 1255, 1151 und 1160 (automatisch).

Patek Philippe • Chronograph Referenz 5070

Visitenkarte

Herstellungsjahr
1998

Gehäuse
Gelbgold

Zifferblatt
Schwarz

Uhrwerk
Mechanisch mit Handaufzug

Funktionen
Chronograph

Bewertung
☆☆☆

Das Unternehmen Patek Philippe, dem die Welt einige der allerschönsten Chronographen verdankt, hatte sich vor vielen Jahren entschlossen, die Produktion auf diesem Gebiet zu unterbrechen. Die Firmenleitung wollte sich verstärkt der Entwicklung komplizierterer Mechanismen widmen, wie etwa dem Chronographen mit Ewigem Kalender. Erst 1998 brachte die Genfer Manufaktur nach einer sehr langen Pause wieder einen einfachen Chronographen mit einem Gehäuse aus Gelbgold und schwarzem Zifferblatt auf den Markt. Sein Name oder besser gesagt seine Referenz lautet 5070: Diese Zahl fand in Sammlerkreisen sofort großen Anklang.

ÄSTHETIK
Gehäuse mit einem Durchmesser von über 40 mm, rechteckige Chronographendrücker, Gehäuseboden mit Sichtfenster aus Saphirglas. Schwarzes Zifferblatt mit Indizes und Zeiger in Gold, Blattzeiger ebenfalls in Gold. Der Chronographen-Sekundenzeiger besteht aus einer speziellen vergoldeten Messinglegierung, um besser Erschütterungen widerstehen zu können (Start / Stopp / Nullstellung).

TECHNIK
Mechanisches Uhrwerk Kaliber 27-70/157 mit Handaufzug, 25 Rubine, Gyromax-Unruh. Chronograph mit Schaltrad.

Schleppzeiger-Chronograph • Patek Philippe

Die auf Seite 2 abgebildete Patek Philippe ist nicht nur ein herrliches Beispiel für einen Chronographen mit Schleppzeiger, sondern bildet auch einen wirklich außergewöhnlichen Mittelpunkt bei der am 14. November 1999 in Genf stattgefundenen Antiquorum-Auktion. Der Zuschlag für das Los Nr. 448 (Identifikationsnummer im Auktionskatalog für Uhren) betrug 2.973.500 Schweizer Franken. Ein Weltrekord oder besser gesagt, »der« Rekord für auf Auktionen verkaufte Armbanduhren. Neben diesem Modell, dem ersten Schleppzeiger-Chronographen (wahrscheinlich ein Unikat) der Genfer Manufaktur, hat Patek Philippe noch verschiedene Stücke mit dieser raffinierten Komplikation gefertigt. Dabei kamen unterschiedlichste Gehäuseformen (Tonneau oder Karree), aber auch die traditionelle runde Form zur Anwendung.

ÄSTHETIK
Rundes Gehäuse, Drücker bei 2 und 4 Uhr, Drücker für den Schleppzeiger in der Aufzugskrone integriert. Silbernes Zifferblatt mit Signatur »Tiffany & Co«, Hilfszifferblatt der Sekunde bei 9 Uhr, Minutenzähler bei 3 Uhr. Arabische Ziffern bei 6 und 12 Uhr. Aufgesetzte Indizes aus Gelbgold, Blattzeiger, Tachymeterskala am Rand.

TECHNIK
13-Linien-Uhrwerk mit Handaufzug, 25 Rubine, Chronograph mit Schaltrad.

Visitenkarte

Herstellungsjahr
ca. 1940

Gehäuse
Gelbgold

Zifferblatt
Silbern

Uhrwerk
Mechanisch mit Handaufzug

Funktionen
Schleppzeiger-Chronograph

Bewertung
☆☆☆☆

Rolex • Chronograph

Visitenkarte

Herstellungsjahr
ca. 1930

Gehäuse
Gelbgold

Zifferblatt
Silbern

Uhrwerk
Mechanisch mit Handaufzug

Funktionen
Chronograph

Bewertung
☆☆☆

Eine der Uhrenspezialitäten, die diese Genfer Nobelmarke am besten beherrscht, ist zweifellos der Chronograph. Seit 1910 beschäftigt man sich dort mit Exemplaren, die über eine solche Vorrichtung verfügen und die – mit Ausnahme der Daytona (die separat beschrieben wird) – ein Uhrwerk mit Handaufzug aufweisen. Die ersten Exemplare, die sich noch stark an den Taschenuhren orientierten, besaßen feste Stege (das Uhrband wurde eingefädelt oder mittels eines entsprechenden Metallhakens befestigt) und im Allgemeinen emaillierte Zifferblätter sowie einen einzigen in der Krone integrierten Chronographendrücker. Mit Beginn der »Oyster-Ära« (dem patentierten wasserdichten Gehäuse von Rolex, das bei den Chronographen seit 1940 Anwendung fand) veränderte sich auch das Aussehen der Chronographen – sie wurden sportlicher. Die großzügigen Maße des Gehäuses, der Stil der Zeiger und die Verwendung von ästhetisch auffallenderen Zifferblättern – mit Darstellung der Stunden- und Minutenzähler – trugen zum Erfolg dieser Uhren aus dem Hause Rolex bei. Ein weiterer Kernbereich betraf die Fertigung von Unruhen aus Speziallegierungen, die seit den 30er-Jahren den Mechanismus vor Einflüssen von Magnetfeldern schützen sollten. Die in verschiedenen Metallkombinationen ausgeführten Chronographen von Rolex zählen daher auch zu den begehrten Sammlerstücken. Der Liebhaberwert steigt noch weiter, falls sie zusätzlich in limitierter Auflage erzeugt wurden, wobei vor allem die seltenen Schleppzeiger-Chronographen aus den 40er-Jahren immer wieder neue Rekorde erzielen, wenn sie auf internationalen Auktionen angeboten werden. Ein besonders reizvoller Effekt ergab sich aus der Anwendung von Formgehäusen, anfänglich in Karree-

Zwei Chronographen von Rolex aus den 30er-Jahren: Sie verfügen über ein rundes Gehäuse (Exemplar in Gelbgold auf der nächsten Seite) oder ein Karreegehäuse (Uhr in Roségold auf dieser Seite).

form, dann auch in einer speziellen quadratischen Form mit abgerundeten Kanten, wie etwa bei der »Gabus« aus dem Jahre 1949. In der großen Familie der Rolex-Chronographen sticht vor allem das Karreemodell hervor, das in technischer Hinsicht seinen »runden« Verwandten ähnelt, aber wesentlich ausgefallener und seltener ist. Die Verwendung eines quadratischen Gehäuses erwies sich als besonders raffinierte Lösung: Die Kanten passten perfekt zu den funktionalen Erfordernissen des Mechanismus und schufen mit den rechteckigen Drückern ein ungewöhnliches formales Gleichgewicht. Sicherlich kann man von einem solchen Exemplar nicht dieselben Leistungen »unter Wasser« erwarten wie etwa von den Oyster-Gehäusen: Formgehäuse stellen bezogen auf die Dichtheit einfach größere Schwierigkeiten dar.

ÄSTHETIK
Rundes Gehäuse, selten Formgehäuse; seit ca. 1940 wasserdicht; üblicherweise runde Drücker. Meist silbernes Zifferblatt (sehr selten in Schwarz) und bei den klassischen Modellen Dauphin-Zeiger. Die übrigen Modelle haben eher eine sportliche Note.

TECHNIK
Uhrwerk stets mit Handaufzug. Die Funktion von Start, Stopp und Rückstellung auf Null erfolgt mittels Schaltrad.

Rolex • Daytona

Visitenkarte

Herstellungsjahr
2000

Gehäuse
Gelbgold

Zifferblatt
Champagnerfarben mit schwarzen Zählern

Uhrwerk
Mechanisch mit automatischem Aufzug

Funktionen
Chronograph

Bewertung
☆☆☆

Die Rolex Daytona, ein Chronograph mit Handaufzug und Lünette mit gravierter Tachymeterskala sowie dem typischen Zifferblatt mit den drei Zählern, wurde erstmals 1961 vorgestellt. Natürlich verfügte sie über ein Oyster-Gehäuse mit verschraubtem Boden und verschraubter Krone sowie zwei Chronographendrückern. Neben der Stahlversion gab es noch eine aus Gold (14 und 18 Karat). Von den Daytona-Modellen mit Handaufzug erlangte besonders jenes mit der Bezeichnung »Paul Newman« einen großen Bekanntheitsgrad (der amerikanische Filmschauspieler trug ein solches Modell in einem Film über die mexikanische Carrera). Der Minutenkreis auf dem Zifferblatt war in derselben Farbe gehalten wie die Chronographen-Zifferblätter. Seit 1976 sind auch die Drücker verschraubt, während erst 1988 das erste Exemplar in Stahl und Gold (sowie ein Modell in 14 Karat Gold) erzeugt wurde. 1988 war überhaupt ein wichtiges Datum in der Geschichte der Daytona. In diesem Jahr begann bei den Chronographen von Rolex das moderne Zeitalter, als bestimmte Änderungen der Mechanik diese Kollektion völlig revolutionierten. So garantiert nun das Gehäuse eine Wasserdichtheit bis 10 Atmosphären Druck. Die große Neuerung bestand jedoch in der Anwendung eines automatischen Uhrwerkes, das ein tägliches Aufziehen der Uhr überflüssig machte.

Rechts und oben: »Version 2000« der Rolex Daytona. Nächste Seite: Daytona »Paul Newman« mit Handaufzug.

Die letzte Entwicklung datiert aus dem Jahre 2000 und wurde auf der Messe in Basel präsentiert. Diese neue Daytona ist zwar eng an das Image des ersten Exemplars angelehnt, weist aber einige besondere ästhetischen Merkmale auf, die sich vom Modell aus dem Jahre 1988 abheben. So stammt auch das Uhrwerk mit automatischem Aufzug zu 100% aus dem Hause Rolex.

ÄSTHETIK

Dichtes Gehäuse mit Chronographendrücker, die in der Folge durch verschraubte Drücker abgelöst wurden. Die schwarze oder metallfarbene Lünette (je nach Referenz) trägt eine Tachymeterskala (mit einer Skalierung bis 200 km pro Stunde bei der ersten Serie, in der Folge dann bis 400 km). Im Laufe der Jahre verschiedenenfarbige Zifferblätter mit Stunden- und Minutenzähler sowie Hilfszifferblatt für laufende Sekunde. Stabzeiger mit Leuchtmasse.

TECHNIK

Uhrwerk mit Handaufzug Rolex 722 bei den Exemplaren von 1961 bis 1970. 1971 wurde dieses durch das Kaliber Rolex 727 ersetzt. Diese beiden Kaliber stammen vom Valjoux 72 ab. Das Kaliber Rolex 4030 der ersten automatischen Daytona basiert auf dem Kaliber El Primero von Zenith und wurde einer langen Reihe von Veränderungen unterworfen, z. B. Ersetzen der Unruh, der Hemmung und Verringerung der Schwingungsfrequenz (von 36.000 auf 28.800 Halbschwingungen pro Stunde). Das jüngste Modell, das Kaliber Rolex 4130, wurde zur Gänze von Rolex unter Verwendung modernster Technologien entworfen. Es arbeitet mit einer Frequenz von 28.800 Halbschwingungen pro Stunde und garantiert eine Gangreserve von 72 Stunden.

Universal Genève • Aero-Compax

Visitenkarte

Herstellungsjahr
ca. 1950

Gehäuse
Roségold

Zifferblatt
Silbern

Uhrwerk
Mechanisch mit Handaufzug

Funktionen
Chronograph mit »Memento«-Funktion

Bewertung
☆☆

Die bei der Aero-Compax im Laufe der 40er-Jahre eingeführte Neuheit betraf ein zusätzliches Zifferblatt bei 12 Uhr, dessen Stunden- und Minutenzeiger – jeweils von äußerst kleiner Form – über eine zweite Krone bei 9 Uhr eingestellt werden können. Neben den Chronographen-Funktionen ermöglicht die Aero-Compax auch die optische Anzeige einer Verabredung auf dem kleinen Hilfszifferblatt bei 12 Uhr. Dieser Chronograph von Universal Genève zählt zur Kategorie jener Uhren, die man als »Memento« bezeichnet, da sie auf analoge Weise einen bestimmten Zeitpunkt anzeigen können. Sie verfügt jedoch über keine zweite Zeitzone, da die Zeiger des Hilfszifferblattes nicht mit dem Uhrwerk verbunden sind. Die Aero-Compax wurde mehrere Jahre lang mit einem Gehäuse in Gold und in Stahl produziert, während der Gehäuseboden entweder in Form eines Druckbodens ausgeführt oder verschraubt war (in diesem Fall war das Gehäuse wasserdicht).

ÄSTHETIK
Rundes Gehäuse, zwei runde Chronographendrücker. Silbernes Zifferblatt, Minutenzähler bei 3 Uhr und Stundenzähler bei 6 Uhr. »Memento«-Zifferblatt bei 12 Uhr. Teilskelettierte Stunden- und Minutenzeiger mit Leuchtmasse.

TECHNIK
15-Linien-Uhrwerk mit Handaufzug, 17 Rubine (die Aero-Compax verwendet auch andere Uhrwerke, aber immer mit Handaufzug).

Chronograph Carré Galbé • Vacheron Constantin

Das besonders elegante Gehäuse in Carré-Galbé-Form (vor allem in den 30er-Jahren äußerst beliebt), die außergewöhnliche Mechanik, der in der Krone untergebrachte Drücker sowie die Pulsometerskala zum Messen der Herzfrequenz verleihen diesem Chronographen von Vacheron Constantin ein klassisches und gleichzeitig aktuelles Äußeres.

Die Art des Gehäuses fand in den folgenden Jahren erneut Anwendung, wobei die zahlreichen Variationsmöglichkeiten bei der grafischen Gestaltung des Zifferblattes und der Zeiger genützt wurden.

Auch der mechanische Inhalt wurde von Grund auf verändert und ein Chronographen-Uhrwerk mit zwei Drückern (auch dieses mit Handaufzug) anstelle des früheren in der Aufzugskrone integrierten Drückers verwendet.

ÄSTHETIK

Formgehäuse, in Aufzugskrone integrierter Drücker. Silbernes Zifferblatt mit arabischen Ziffern, Hilfszifferblatt der laufenden Sekunde bei 9 Uhr, Minutenzähler (bis 30) bei 3 Uhr, Pulsometerskala, Goldzeiger, Chronographen-Sekunde aus Stahl.

TECHNIK

13-Linien-Uhrwerk mit Handaufzug, 17 Rubine, bimetallische Unruh, Breguet-Spirale beim Chronographen mit einem Drücker. Die Modelle mit »zwei Drückern« verfügen stets über ein Uhrwerk mit Handaufzug.

Visitenkarte

Herstellungsjahr
1930

Gehäuse
Gelbgold

Zifferblatt
Silbern

Uhrwerk
Mechanisch mit Handaufzug

Funktionen
Chronograph

Bewertung
☆☆☆

Zwei Chronographen von Vacheron Constantin mit einem Gehäuse in Carré-Galbé-Form. Oben: Chronograph mit einem Drücker, rechts mit zwei Drückern.

Zenith • El Primero

Visitenkarte

Herstellungsjahr
1978

Gehäuse
Stahl

Zifferblatt
Blau

Uhrwerk
Mechanisch mit automatischem Aufzug

Funktionen
Chronograph

Bewertung
☆

Der automatische Chronograph von Zenith unterscheidet sich durch die Verwendung eines legendären Mechanismus: das Kaliber El Primero. Dieses kam Ende der 60er-Jahre (1969) auf den Markt und stand im Zentrum eines heiß umkämpften Wettstreites, an dem einige der wichtigsten Manufakturen aus der Schweiz teilnahmen. Aber auch Amerikaner und Japaner (Citizen und Seiko) waren daran beteiligt. Es ging um die Entwicklung des ersten Chronographen mit automatischem Aufzug. In der Schweiz war dies vor allem die Gruppe Zenith-Movado und ein aus Breitling, Buren, Dubois-Dépraz, Heuer und Hamilton bestehendes Konsortium. Diese beiden Gruppierungen präsentierten 1969 zwei Chronographen-Kaliber mit unterschiedlichen mechanischen Merkmalen, die aber beide über einen automatischen Aufzug verfügten. Zenith-Movado entschied sich für einen zentralen Rotor und einen Schnellschwinger mit 36.000 Halbschwingungen pro Stunde, um die chronographische Zeitnehmung mit einer Präzision von einer Zehntelsekunde durchführen zu können. So entstand eines der berühmtesten Uhrwerke, das weltweit unter

Oben: Kaliber El Primero von Zenith.
Rechts: El Primero in Gold mit Vollkalender (ca. 1990).

Links: Modell eines Zenith-Chronographen mit Karreegehäuse (1978).

dem Namen »El Primero« bekannt wurde. Im Laufe der Jahre hat die Schweizer Manufaktur dann die Möglichkeiten dieses Uhrwerkes auf das Beste genutzt und eine große Bandbreite von sportlichen, aber auch eleganten Modellen geschaffen, die alle dieses berühmte Kaliber verwendeten. Zu den eindruckvollsten Modellen zählen die anlässlich des 125. Gründungstages dieser Manufaktur und der 700-Jahr-Feier der Schweizer Konföderation entstandenen Zenith-Chronographen. Trotz der vielen Jahre seit seiner Entstehung hat sich das Kaliber El Primero aufgrund seiner bedeutenden technischen Qualitäten bis zum heutigen Tag erfolgreich behaupten können.

ÄSTHETIK

Das Gehäuse hat hinsichtlich der Form des Mittelteils, der Bandanstöße und der Lünette verschiedenste Variationen erfahren, indem es stets den Modetrends angepasst wurde. Neben runden Gehäusen kamen auch solche in Tonneau- oder Karreeform zur Anwendung. Die Zifferblätter weisen eine Anordnung der Hilfszifferblätter für die zusätzlichen Anzeigen bei 3 Uhr (Minutenzähler), 6 Uhr (Stundenzähler) und bei 9 Uhr (ständige Sekunde) auf, während das Datum durch ein Fenster zwischen 4 und 5 Uhr abzulesen ist.

TECHNIK

Die Frequenz von 36.000 Halbschwingungen pro Stunde ist im Laufe der Jahre unverändert geblieben. Ebenfalls nicht verändert wurden der automatische Aufzug, der Rotor (der auf die im Federhaus enthaltende Zugfeder in beiden Drehrichtungen einwirkt) sowie die Verwendung des Schaltrades für den Chronographenmechanismus.

Zenith • Chronograph

Visitenkarte

Herstellungsjahr
ca. 1920

Gehäuse
Gelbgold

Zifferblatt
Weiß

Uhrwerk
Mechanisch mit Handaufzug

Funktionen
Chronograph

Bewertung
☆☆

In den 20er-Jahren begann auf dem Gebiet der Uhrmacherkunst ein neuer Abschnitt durch die immer größere Verbreitung der Armbanduhren. Nachdem die Uhrenfabrikanten diese »Revolution« auf dem Gebiet der Mode und der Gewohnheiten mit einiger Verwunderung registriert hatten, entschlossen sie sich mit speziellen Modellen darauf zu reagieren, um die kontinuierlich steigende Nachfrage dieser Jahre zu befriedigen. Zenith entwickelte dabei ein Modell, das noch deutlich vom vorigen Jahrzehnt beeinflusst war und eigentlich ein aus einer Taschenuhr »mutiertes« Stück darstellte. Die festen Stege, durch die das Uhrband eingefädelt wurde, sowie die bei 12 Uhr befindliche Krone belegen, dass dieser Chronograph von einer Taschenuhr abstammt.

ÄSTHETIK

Gehäuse mit 37 mm Durchmesser, Scharnierboden, feste Stege, Zwiebelkrone bei 12 Uhr, in der Krone integrierter Drücker. Weißes Emailzifferblatt, arabische Ziffern, kleine Sekunde bei 6 Uhr und Minutenzähler bei 12 Uhr, spiralförmige Tachymeterskala. Stunden- und Minutenzeiger in Blattform aus Stahl.

TECHNIK

15-Linien-Uhrwerk mit Handaufzug, 17 Rubine, bimetallische Unruh und Breguet-Spirale.

UHREN MIT KALENDER

Uhren mit Kalender zählen zu jener Kategorie von Zeitmessern, die Ästhetikliebhaber am meisten beeindruckt und fasziniert. Ihr Zifferblatt, das im Allgemeinen ein Uhrenmodell von klassischer und eleganter Gestaltung ziert, ist Spiegelbild des gesamten antiken Wissens auf dem Gebiet der Astronomie. Diese Uhren vereinen sowohl bei der Ausführung ihrer Mechanismen als auch bei der grafischen Gestaltung der Zifferblätter Zweckmäßigkeit und höchste Kunstfertigkeit. Ihre Aufgabe ist es, auf klare und eindrucksvolle Weise die verschiedenen Möglichkeiten aufzuzeigen, wie Zeit unterteilt werden kann. Dabei stellt die einfache Datumsangabe – mit vielleicht zusätzlicher Angabe des Wochentages – keine besonderen technischen Anforderungen dar. Die übrigen Indikationen wie die Kalenderwoche, der Monat, das Jahr, die Mondphasen oder die Anzeige des Schaltjahres erfordern hingegen sehr sorgfältige Konstruktionen. Die Problematik ergibt sich daraus, dass hier mehrere Funktionen miteinander verbunden werden und trotz eines beschränkten Platzangebotes auf dem Zifferblatt leicht ablesbar sein müssen. Aber auch das Uhrwerk selbst konfrontiert die Techniker mit nicht unwesentlichen Schwierigkeiten. Das Innere einer Uhr mit einem Kalendarium kann nämlich mit dem komplexen System eines »mechanischen Speichers« verglichen werden. Dieser stellt mit Hilfe zusätzlicher Räder und Hebel jeweils eine vorübergehende Verbindung her, die zum richtigen Zeitpunkt das Datum ver-

Vollkalender mit Mondphasenanzeige von Patek Philippe (ca. 1950).

Vollkalender mit Mondphasenanzeige von LeCoultre in Gelbgold (1946).

stellt. Mechanische Vollkommenheit verkörpern jedoch auf wirklich ungewöhnliche Weise die so genannten »Ewigen Kalender«. Beim einfachen Kalender genügt es, wenn das Datum alle 24 Stunden verstellt wird (d. h. alle zwei vollen Umdrehungen des Stundenzeigers). Wird nun aber auch zusätzlich der Monat (ohne manuelle Einwirkung und unabhängig von 28, 29, 30 oder 31 Tagen Länge) sowie das Jahr (einschließlich Schaltjahr) angezeigt, verkompliziert sich natürlich das Ganze. Als Meister dieses Genres gelten seit jeher die Techniker von Patek Philippe, die im Verlaufe der letzten fünfzig Jahre einige der herrlichsten Stücke auf dem Gebiet der Komplikationen bei Armbanduhren geschaffen haben. Aber auch die Modelle von Breguet, dem berühmten Nobelhaus aus Genf, genießen hohes Ansehen. Insbesondere ihre Ästhetik, die sich in jedem einzelnen Detail (vom guillochierten Zifferblatt über die Form der Datumsfenster im Zifferblatt bis zur Form der Zeiger) zeigt, weist deutlich auf die Tradition des berühmtesten Uhrmachermeisters aller Zeiten hin.

Vollkalender • Audemars Piguet

Visitenkarte

Herstellungsjahr
ca. 1940

Gehäuse
Gelbgold

Zifferblatt
Silbern

Uhrwerk
Mechanisch mit Handaufzug

Funktionen
Vollkalender mit Mondphase

Bewertung
☆☆☆

Wie alle großen Uhrenhäuser, die sich mit Komplikationen beschäftigen, hat es Audemars Piguet stets vorgezogen, mit der klassischen runden Form des Gehäuses zu arbeiten. Der Grund für diese Gewohnheit lag darin, dass es bei einem Kreis, im Gegensatz zum Quadrat oder Rechteck, weniger problematisch ist, in grafisch ausgewogener Weise die zahlreichen Indikationen auf dem Zifferblatt unterzubringen. Dieser Vollkalender aus den 40er-Jahren stellt jedoch eine Ausnahme dar. Die Probleme des Designs wurden bei diesem Modell von Audemars Piguet elegant gelöst. Die perfekt symmetrisch angeordneten Skalen und die makellose Grafik liefern einen überzeugenden Beweis für die Kunstfertigkeit dieses Hauses. Während Piguet die ersten Vollkalender bereits 1924 hergestellt hat, musste man auf den ersten Ewigen Kalender bis 1950 warten.

ÄSTHETIK
Quadratisches Zifferblatt (jede Seite 25 mm), aufgesetzte Indizes sowie Stabzeiger aus Gold. Die Anzeigen des Vollkalenders und der Mondphasen befinden sich auf vier symmetrisch angeordneten Zählern von äußerst strengem Design. Besonders elegant und typisch für die Zeit sind die tropfenförmigen Bandanstöße.

TECHNIK
Mechanisches Uhrwerk Audemars Piguet Kaliber RSQ.

Breguet • Kalender mit Mondphase

Visitenkarte

Herstellungsjahr
ca. 1990

Gehäuse
Gelbgold

Zifferblatt
Silbern

Uhrwerk
Mechanisch mit automatischem Aufzug

Funktionen
Wochentag, Datum, Mondphasen

Bewertung
☆☆

Gerade die Studien auf dem Gebiet der Mechanik, um die Zeit in Form eines Kalenders sichtbar zu machen, zählen zu den zahlreichen technischen Meisterleistungen von Abraham-Louis Breguet. Während der Jahre in seiner Pariser Werkstatt bewies dieser geniale Hersteller von Zeitmessern eine besondere Vorliebe für die so genannten Komplikationen. Diese Kategorie von Uhren erlaubte nämlich technische Lösungen, die weit über die reine Zeitmessung hinausgingen – wie etwa den Kalender. Aus dem Jahre 1795 datieren einige der wichtigsten Verbesserungen Breguets bezüglich der schwierigen Synchronisation, die um Mitternacht ein Vorrücken der verschiedenen Datumsanzeigen ohne manuellen Eingriff ermöglicht (sehr häufig gekoppelt mit dem Wochentag und der Mondphase). Das Problem dabei waren vor allem die Monate, die nicht 31 Tage zählen, wobei dies jedoch durch den so genannten Ewigen Kalender gelöst wurde. Die »Groupe Horloger Breguet«, die den Namen dieses berühmtesten aller Uhrmachermeister trägt, ist auch heute noch dieser Tradition verpflichtet.

ÄSTHETIK

Guillochiertes Zifferblatt auf Goldbasis sowie dezentrale Stunden- und Minutenzeiger (diese beiden äußerst interessanten Merkmale lehnen sich an die frühere Tradition der Taschenuhren an). Die abgekürzten Wochentage sind, je nach Zielpublikum, in vier verschiedenen Sprachen angegeben. Das Fenster dafür befindet sich ebenso wie jenes der Mondphasen bei 12 Uhr.

TECHNIK

Mechanisches Uhrwerk mit automatischem Aufzug, zur Gänze von Hand feinbearbeitet und verziert.

Vollkalender • Jaeger-LeCoultre

Dieses Nobelhaus aus Le Sentier ist für seine Meisterschaft bei der Herstellung von Uhren mit Vollkalendern bekannt. Sammler und Liebhaber aus der ganzen Welt sind sich einig darüber, dass diese Modelle aus dem Hause Jaeger-LeCoultre besonders gut gelungen sind. Als Beweis dafür sei angemerkt, dass solche Modelle schon seit 1940 hergestellt werden. Außerdem hat diese Marke erstmals in großem Umfang die gelungene grafische Lösung des analogen Datums am Rand des Zifferblattes eingeführt. Die weiteren Anzeigen des Kalenders befinden sich hingegen in entsprechenden Fenstern unterhalb des Markennamens. Überdies ermöglicht beim hier abgebildeten Modell die Verwendung von roten Ziffern eine klare und deutliche Ablesbarkeit.

ÄSTHETIK

Rundes Gehäuse mit interessanten Bandanstößen. Zifferblatt mit verschiedenen Indizes. Das analoge Datum befindet sich auf einem Ring am Rand des Zifferblattes, während der Wochentag und der Monat in zwei rechteckigen Fenstern im Zifferblatt angezeigt werden. Dauphin-Zeiger, dreieckige Stundenindizes bzw. aufgesetzte arabische Ziffern aus Gold.

TECHNIK

Mechanisches Uhrwerk Jaeger LeCoultre Kaliber 481.

Visitenkarte

Herstellungsjahr
1946

Gehäuse
Gelbgold

Zifferblatt
Silbern

Uhrwerk
Mechanisch mit Handaufzug

Funktionen
Datum, Wochentag, Monat, Mondphasen

Bewertung
☆☆

Movado • Vollkalender

Visitenkarte

Herstellungsjahr
1950

Gehäuse
Gelbgold

Zifferblatt
Silbern

Uhrwerk
Mechanisch mit Handaufzug

Funktionen
Datum, Wochentag, Monat, Mondphasen

Bewertung
☆☆

Das Unternehmen Movado kann auf eine lange Tradition zurückblicken, die von äußerst interessanten Episoden geprägt ist. Daher stellen auch die äußerst repräsentativen Stücke dieses Hauses beliebte Objekte in Sammlerkreisen dar. Die Modelle aus den 50er- und 60er-Jahren erfreuen sich dabei größter Beliebtheit und sind vor allem auf Antiquitätenmärkten zu finden. Movado wurde 1881 in La Chaux-de-Fonds gegründet und zählt zu den Wiegen der Schweizer Uhrmacherkunst. Diese Marke profilierte sich während der ersten Hälfte des 20. Jahrhunderts mit dem Modell Ermeto (gleichzeitig Taschen- und Tischuhr mit einem patentierten Aufzugssystem, das beim Öffnen und Schließen des Uhrdeckels in Betrieb gesetzt wird). Berühmt war aber auch die Produktion von klassischen Armbandmodellen mit Vollkalender (das Modell Calendograph aus dem Jahre 1950) sowie Vollkalender mit Mondphasen (das Modell Celestograph, ebenfalls aus dieser Zeit).

ÄSTHETIK
Die Celestograph besitzt ein rundes Gehäuse aus 14-karätigem Gelbgold mit einer tiefen Kannelierung des Mittelteils. Das Zifferblatt spielt mit dem Effekt einer doppelten Grauschattierung mit einem helleren Zentrum und einem dunkleren Außenring. Analoges Datum. Die Indikationen des Wochentages, des Monats und der Mondphase sind hingegen digitaler Natur. Dauphin-Zeiger und aufgesetzte arabische Ziffern aus Gold. Die Calendograph verfügt ebenfalls über ein rundes Gehäuse, aber aus Stahl, vergoldet. Es gibt keine Anzeige der Mondphasen auf dem Zifferblatt.

TECHNIK
Mechanisches Uhrwerk mit Handaufzug bei beiden Modellen.

Rechts: Celestograph von Movado in Gelbgold. Oben: das Uhrwerk.

Ewiger Kalender • Patek Philippe

Der Ewige Kalender, eine der klassischsten Komplikationen in der Uhrmacherkunst, wurde von Patek Philippe seit 1925 in verschiedenen Versionen von Armbanduhren entworfen. Das auf dieser und der nächsten Seite abgebildete Modell stellt ein Einzelstück aus dem Jahre 1970 dar. Diese absolute Einzigartigkeit macht dieses Exemplar natürlich für den herkömmlichen Sammlerkreis unerschwinglich. Seine Ästhetik legt jedoch Zeugnis ab für die besondere Art und Weise, mit der Patek Philippe zwischen 1950 und 1970 die herrliche Komplikation des Ewigen Kalenders interpretiert hat. Dabei erstaunt vor allem die Einfachheit, mit der die Designer dieser Manufaktur aus Genf das Zifferblatt geschaffen haben – die in diesem Fall jedoch mit einem Höchstmaß an Eleganz einhergeht. Die formale Klarheit der Dauphin-Zeiger und der Stabindizes ergänzt sich harmonisch mit der Strenge des Doppelfensters für die digitale Anzeige von Wochentag und Monat. Das analoge Datum befindet sich bei 6 Uhr, während die Schaltjahre durch den »quantième perpétuel« genannten Mechanismus angezeigt werden. Aber das gilt nur für dieses Modell. Bei den anderen Produktionen sind hier die Mondphasen vorgesehen. Bei dieser Uhr entsprechen die mechanischen Komplikationen einer extremen Einfachheit der Anzeigen auf dem Zifferblatt.
Viele Sammler von Uhren der Marke Patek Philippe halten die Referenz 3940 *(Bild unten)* als die schönste Verwirklichung eines Ewigen Kalenders, die je bei Armbanduhren geschaffen wurde. Ein Grund für diese derart hohe Einschätzung liegt

Visitenkarte

Herstellungsjahr
1985

Gehäuse
Gelbgold

Zifferblatt
Silbern

Uhrwerk
Mechanisch mit automatischem Aufzug

Funktionen
Datum, Wochentag, Monat, Schaltjahr, Mondphasen

Bewertung
☆☆☆

wohl in der ästhetischen Wirkung. Im Unterschied zu früheren Generationen finden sich bei den Ewigen Kalendern dieser Genfer Manufaktur seit 1985 alle Anzeigen auf dem Zifferblatt analog und nicht digital angeordnet (Datum, Wochentag, Monat, Schaltjahr). Dies erlaubt ästhetische Lösungen mit der Verwendung von drei Skalen (wobei so der Platz bei 12 Uhr frei bleibt und den Markennamen trägt) und doppelter Anzeige, ohne jedoch die Lesbarkeit zu beeinträchtigen. Damit die grafischen Indikationen das Zifferblatt nicht überladen, vertraut Patek Philippe nach wie vor auf jene stilistischen Elemente (Dauphin-Zeiger in Gold sowie Stabindizes), die bereits beim Ewigen Kalender früherer Generationen zur Anwendung kamen.

ÄSTHETIK
Der Ewige Kalender Referenz 3940 besitzt ein rundes Gehäuse aus Gold (Durchmesser von 36 mm) mit einer flachen, breiten Lünette, Dauphin-Zeiger und aufgesetzten Stabindizes aus Gold. Analoge Anzeige von Datum und Jahr, digitale Anzeige von Wochentag und Monat. Bei älteren Modellen wurde trotz des üblicherweise runden Gehäuses die analoge Anzeige des Kalenders bevorzugt.

TECHNIK
Die Referenz 3940 verwendet ein automatisches Uhrwerk Patek Philippe Kaliber 24-Q, 27 Rubine, 21.600 Halbschwingungen pro Stunde, eine Gangreserve von 48 Stunden, einen Mechanismus mit Handaufzug oder automatischem Aufzug (bei den Modellen vor 1985) für den Ewigen Kalender.

Ewiger Kalender Ludwig • Ulysse Nardin

Das Interesse an diesem Modell knapp vor Ende des 20. Jahrhunderts ergibt sich nicht nur aus der Tradition dieser Marke, sondern auch aus den intensiven Bemühungen, die Synchronisierung des Ewigen Kalenders zu vereinfachen. Dieses Vorhaben kann als völlig geglückt angesehen werden, indem eine äußerst raffinierte mechanische Vorrichtung verwendet wurde, welche die Regulierung sämtlicher Anzeigen des Kalenders über die Aufzugskrone erlaubt (diese innovative Entwicklung von Ulysse Nardin wurde als Patent Nr. 680630 angemeldet). Bei der Ludwig sind die Hebel und Klinken der klassischen »ewigen« Modelle durch ein epizyklisches Räderwerk ersetzt, das durch ein »Programmrad« gesteuert wird. Dadurch können die einzelnen Kalenderanzeigen nach vorwärts oder rückwärts verstellt werden. Diese technologische Innovation hat die Geschichte der mechanischen Uhrmacherkunst auf den Kopf gestellt. Bei den anderen Uhren mit Ewigem Kalender ist es nämlich nicht möglich, die Anzeige des Kalenders anzuhalten. Im Fall einer falschen Einstellung darf man die Uhr notgedrungen einige Tage nicht verwenden oder muss sie zu einem Uhrmacher tragen.

ÄSTHETIK
Rundes Gehäuse aus Gold (Durchmesser 38,5 mm) mit Sichtfenster im Boden aus Saphirglas. Weißes Zifferblatt, Blattzeiger mit Leuchtmasse, aufgesetzte Stabindizes aus Gold. Alle Anzeigen des Kalendariums erfolgen in entsprechenden Fenstern.

TECHNIK
Mechanisches Uhrwerk mit Automatik Ulysse Nardin Kaliber 33.

Visitenkarte

Herstellungsjahr
1996

Gehäuse
Gelbgold

Zifferblatt
Weiß

Uhrwerk
Mechanisch mit automatischem Aufzug

Funktionen
Datum, Wochentag, Monat, Schaltjahre, zweite Zeitzone

Bewertung
☆☆

UHREN MIT KOMPLIKATIONEN

Minutenrepetitionen oder Tourbillons zählen bei mechanischen Uhren zu den technisch absolut schwierigsten Vorrichtungen. Dazu kommt noch die ästhetische Komponente, die bei Uhren dieser außergewöhnlichen und sehr kostspieligen Art eine ebenso wichtige Bedeutung einnimmt. Auf jeden Fall wird davon jedes Jahr nur eine sehr begrenzte Stückzahl hergestellt. Die äußerst arbeitsintensive Produktion verlangt nämlich das Zusammenspiel fortschrittlichster Technologien sowie ausgefeilter handwerklicher Fähigkeiten. Solche Voraussetzungen beherrschen jedoch nur sehr wenige Uhrmachermeister, die dann diese wahren Kunstwerke als eigene Marke oder im Auftrag einer der renommierten Schweizer Nobelfirmen auf den Markt bringen.
Der Tourbillon und die Minutenrepetition gelten von ihrer Konstruktion her praktisch als gleich schwierig, auch wenn auf zwei völlig verschiedenen Ebenen. Ersterer stellt die – im Übrigen meisterhafte – Lösung der Suche nach der höchstmöglichen Präzision dar. Bei der Minutenrepetition wird hingegen die komplexe Technologie der akustischen Anzeige der Stunden, Viertelstunden und Minuten auf die vergleichsweise geringe Größe einer Armbanduhr umgesetzt. Die geniale Vorrichtung des Tourbillon besteht im Wesentlichen aus einem beweglichen Käfig, der nicht nur die Unruh und die Hemmung trägt, sondern sich auch um seine eigene Achse dreht. Wegen seiner interessanten Bauweise kann man das Drehgestell fast immer durch ein Fenster im Zifferblatt bewundern. Diese ständige Rotation bewirkt, dass die auf die senkrechte Stellung der Uhr und die Einwirkung der Gravitationskraft der Erde zurückzuführenden Gangabweichungen kompensiert werden: Ein Vorgehen der Uhr in einer Lage wird durch das Nachgehen in der entgegengesetzten Position sofort ausgeglichen.
Wenn man vom Tourbillon spricht, fällt natürlich sofort der Name Abraham-Louis Breguet. Dieser gilt als der berühmteste Uhrmacher aller Zeiten und die Welt verdankt ihm zahlreiche Erfindungen auf dem Gebiet der Uhren, wie etwa die hier erwähnte Vorrichtung. Die »Groupe Horloger Breguet«, die seinen Namen trägt, hat deshalb auch ihm zu Ehren einen herrlichen Armband-Tourbillon in antikem Stil mit guillochiertem Gehäuse und Zifferblatt entwickelt. Auch das zu neuem Leben erblühte Traditionshaus A. Lange & Söhne aus Glashütte weist in seinem limitierten Angebot an Edeluhren einen herrlichen Tourbillon auf, von dem lediglich 200 Stück hergestellt wurden.

Rechts: Minutenrepetition von Vacheron Constantin (ca. 1990). Nächste Seite: Chronograph mit Schleppzeiger und Ewigem Kalender von Patek Philippe.

Die verschiedenen Ausführungen der Minutenrepetition bestechen ebenfalls aufgrund ihrer technischen Vollkommenheit, wenn auch in diesem Fall der Schwerpunkt des Interesses den Funktionen des Schlagwerks und seinem Klang gilt. Als Verkörperung dieser Philosophie sei hier das Modell John Shaeffer von Audemars Piguet erwähnt, das den Namen jenes amerikanischen Industriellen trägt, der 1907 bei dieser Manufaktur in Le Brassus die erste Minutenrepetition als Armmodell in Auftrag gegeben hat.
Aber es gibt auch Beispiele von Minutenrepetitionen, die mit anderen Komplikationen verbunden sind. In diesem Zusammenhang verdient ein wahrlich außergewöhnliches Exemplar aus dem Hause Blancpain Erwähnung: Es ist das Modell 1735, das die Minutenrepetition mit einem Tourbillon, einem Schleppzeiger-Chronographen und Ewigem Kalender kombiniert. Jaeger-LeCoultre bevorzugt hingegen eine Trennung dieser beiden wichtigsten Komplikationen der Uhrmacherkunst, wobei beide Spitzenversionen der Reverso eine Auflage von 500 Stück aufweisen. Der sich drehende Unruhkäfig des Tourbillons ist gut zu sehen, wenn man das Wendegehäuse dreht. Der Zeiger der Gangreserveanzeige findet sich hingegen in eleganter Weise auf dem Zifferblatt untergebracht. Dabei darf natürlich Patek Philippe nicht vergessen werden, unter dessen zahlreichen Uhren mit Komplikationen sich eines der gesuchtesten Modelle in Sammlerkreisen befindet: der Chronograph mit Ewigem Kalender.

A. Lange & Söhne • Tourbillon Pour le Mérite

Visitenkarte

Herstellungsjahr
1994

Gehäuse
Gelbgold

Zifferblatt
Silbern

Uhrwerk
Mechanisch mit Handaufzug

Funktionen
Tourbillon, Gangreserve

Bewertung
☆☆☆☆

Der Tourbillon Pour le Mérite kann zweifelsohne als ein Meisterwerk der zeitgenössischen Uhrmacherkunst angesehen werden, das man am Handgelenk tragen kann. Die herrliche Mechanik des Tourbillons wird zusätzlich durch die Verwendung einer Schnecke »kompliziert«, da eine solche Vorrichtung noch nie zuvor bei einer Armbanduhr zum Einsatz gekommen ist. Dieses System, das auf eine lange Tradition zurückblicken kann (bis ins 14. Jahrhundert), liefert eine konstante Menge an Energie unabhängig von der Spannung der im Federhaus enthaltenen Feder und garantiert so eine sehr stabile Gangregelung der Uhr. Beim hier vorgestellten Tourbillon besteht dieser Mechanismus aus einem unverzahnten Federhaus mit der Antriebsfeder, die mit einer extrem raffiniert gebauten Schnecke mittels einer winzigen Kette verbunden ist. Die Kette wickelt sich von der Spitze in Richtung Basis auf, sodass sich das Verhältnis zwischen dem Durchmesser des Federhauses und jenem der Feder zunehmend verringert. Proportional dazu nimmt auch jene Kraft ab, die für die Drehung der Schnecke und ihres Zahnrades aufgewendet werden muss. Die Kette ist klarerweise äußerst winzig: Sie besteht aus gut 700 Elementen und wird in langwieriger Arbeit von einem Uhrmachermeister in mehr als 200 Arbeitsstunden zusammengesetzt. Die Produktion des Pour le Mérite mit seinen 200 Grundelementen – 50 aus Platin und 150 aus Gelbgold – hat zu einer interessanten Variation dieses Themas geführt. Dies betrifft jedoch nicht die Anzahl der Bestandteile, sondern auch die Verwendung zweier neuer Goldfarben sowie der Fertigung eines Einzelstückes in Stahl. Insgesamt wurden 50 Stück mit einem Gehäuse in Platin, 149 aus Gold (100 Gelbgold, 24 Weißgold und 25 Roségold) und eines aus Stahl hergestellt.

Rechts und nächste Seite: Tourbillon von A. Lange & Söhne (Gelb- und Roségold). Oben: das interessante Uhrwerk.

ÄSTHETIK
Rundes Gehäuse und Boden mit Saphirglas-Sichtfenster, Aussparung des Zifferblattes bei 6 Uhr über dem Tourbillonkäfig.

Die Lünette und der Boden sind am Mittelteil verschraubt. Zifferblatt Silber massiv mit arabischen Ziffern oder aufgesetzten Indizes in Silberfarbe bei der Platin- und Gelbgoldversion – bei den Weißgoldmodellen in Blau sowie in Schwarz bei der Rotgoldversion. Bei 9 Uhr befindet sich die kleine Sekunde, während bei 3 Uhr die Anzeige der Gangreserve untergebracht ist.

TECHNIK

Uhrwerk Kaliber L 902.0 mit Handaufzug, 29 Rubine und 2 Diamant-Decksteine (in denen sich die Zapfen des Tourbillonkäfigs drehen), Gangreserve von 36 Stunden.

Audemars Piguet • Grand Sonnerie

Visitenkarte

Herstellungsjahr
1994

Gehäuse
Gelbgold

Zifferblatt
Weiß

Uhrwerk
Mechanisch mit Handaufzug

Funktionen
Großes Schlagwerk, Kleines Schlagwerk

Bewertung
☆☆☆☆

Das Streben nach Innovation bei gleichzeitiger Betonung der klassischen Uhrmacherkunst zählt seit jeher zu den ehernen »Geboten«, welche die Produktion von Audemars Piguet auszeichnen. Vier Jahre Forschung und über 1000 Zeichnungen waren nötig, um ein Wunderwerk zu schaffen, das auf Wunsch die Viertelstunden schlägt, indem man den Drücker im Gehäusemittelteil bei 10 Uhr drückt. Die »Grand Sonnerie« oder die »Petit Sonnerie« werden hingegen mittels eines Schiebers aktiviert. Diese besonderen Vorrichtungen waren typisch für die Repetition der früheren Stand- oder Taschenuhren, welche jede volle Stunde oder Viertelstunde schlugen. Das von dieser Manufaktur geschaffene große Schlagwerk kann – wie bereits vorher angeführt – mittels eines Schiebers die vollen Stunden und Viertelstunden akustisch anzeigen. Das kleine Schlagwerk schlägt hingegen nur die ganzen Stunden – nach jeder vollen Umdrehung des Minutenzeigers. Um dieses Schlagwerk zu deaktivieren – vor allem in den Nachtstunden – genügt es, den Schieber für das kleine oder große Schlagwerk in die Stummstellung zu bringen.

ÄSTHETIK

Rundes Gehäuse, Schlagwerkauslöser (bei 10 und bei 2 Uhr) im Mittelteil integriert. Weißes Zifferblatt, Stabindizes und aufgesetzte arabische Ziffern, Stabzeiger.

TECHNIK

Uhrwerk Kaliber AP 2868 mit Handaufzug, 51 Rubine, reguliert in fünf Lagen und bei verschiedenen Temperaturen.

Triple Complication • Audemars Piguet

Dieses Nobelhaus aus Le Brassus hat sich stets auf dem Sektor der großen Komplikationen hervorgetan. Insbesondere gegen Ende des 20. Jahrhunderts sind einige Exemplare höchster mechanischer Qualität auf den Markt gelangt, die sich natürlich auch – *conditio sine qua non* – durch einen außergewöhnlichen Preis auszeichnen. Unter diesen Meisterwerken von Audemars Piguet ragt die Triple Complication noch hervor. Sie besticht insbesondere durch ihr leicht nostalgisch wirkendes Gehäuse – dessen Faszination durch das geglückte Spiel von polierten und satinierten Oberflächen und den herrlichen Glockenhörnern zusätzlich verstärkt wird – sowie dem nach dem letzten Stand der Technik gefertigten automatischen Antrieb. Neben der gelungenen Integration von drei Komplikationen (Minutenrepetition, Ewiger Kalender und Chronograph) in einem einzigen Uhrwerk fällt vor allem die Wahl einer sehr übersichtlichen Anzeige der Mondphasen mittels eines Zeigers auf. Bei 12 Uhr findet sich auch die Anzeige für die jeweils laufende Woche.

Visitenkarte

Herstellungsjahr
1992

Gehäuse
Gelbgold

Zifferblatt
Silbern

Uhrwerk
Mechanisch mit automatischem Aufzug

Funktionen
Minutenrepetition, Ewiger Kalender, Chronograph

Bewertung
☆☆☆☆

ÄSTHETIK

Groß dimensioniertes Gehäuse (über 42 mm Durchmesser, 13 mm Höhe), Chronographendrücker, Korrekturdrücker des Kalenders am Gehäuserand, Druckboden. Silbernes Zifferblatt, Stabindizes aus Gelbgold, Blattzeiger aus brüniertem Gold. Anzeige des Ewigen Kalenders und des Chronographen mittels kleiner Zifferblätter, kleine Sekunden bei 9 Uhr.

TECHNIK

Uhrwerk Kaliber AP 2880 mit automatischem Aufzug aus 650 Teilen (49 Rubine). Monometallische Schraubenunruh, Gangreserve von 50 Stunden.

Links und oben: Triple Complication und ihre Mechanik.

Blancpain • Grand Complication 1735

Visitenkarte

Herstellungsjahr
1991

Gehäuse
Platin

Zifferblatt
Weiß

Uhrwerk
Mechanisch mit automatischem Aufzug

Funktionen
Schleppzeiger-Chronograph, Ewiger Kalender, Mondphasen, Tourbillon, Minutenrepetition

Bewertung
☆☆☆☆

Sechs Jahre für den Bau des ersten Prototypen sowie ein ganzes Arbeitsjahr, die ein Uhrmachermeister pro Exemplar aufwendet, kennzeichnen diese Uhr. Auf jedem einzelnen Stück befindet sich die Signatur des Meisters, um so dieses authentische Meisterstück der Mikromechanik zu bestätigen. Diese wenigen, aber dennoch aussagekräftigen Daten zeugen von der absoluten Qualität und Exklusivität der 1735 von Blancpain, einer außergewöhnlichen Uhr, die nur in geringer Auflage produziert wurde (30 Stück in Gelbgold und Platin). Dementsprechend hoch fällt natürlich auch der Kaufpreis aus (dieser entspricht ungefähr dem Wert eines Oldtimers oder eines Bildes eines bedeutenden Künstlers). Mit der 1735 hat sich Blancpain wahrlich ein hohes und ehrgeiziges Ziel gesteckt, nämlich im Inneren eines einzigen Uhrgehäuses sechs traditionelle Komplikationen unterzubringen. Die Rede ist hier vom extraflachen Uhrwerk 1735, das in ausgeklügelter Weise einen äußerst komplexen Mechanismus beherbergt: Den Kalender mit den Mondphasen, Ausdruck des astronomischen Wissens der Uhrmacher; den Ewigen Kalender, der die Länge aller Jahre angeben kann (einschließlich der Schaltjahre); den Schleppzeiger-Chronographen, die vollendete Interpretation der Berechnung von Zeitabschnitten mit Hilfe einer Uhr; den Tourbillon, einer von Breguet erfundenen Vorrichtung, um die Gangabweichungen aufgrund der Einwirkungen der Gravitation auf die Unruh auszugleichen; und schließlich die Minutenrepetition, eine der ältesten und faszinierendsten Komplikationen, die bereits vor einigen Jahrhunderten zur akustischen Anzeige der Stunden, Viertelstunden und Minuten erdacht worden war. Dieses Vorhaben konnte mittels einer harmonischen Kombination der 740 Einzelteile dieses Mechanismus realisiert werden, um so ein Höchstmaß an Funktionalität und Wirkung zu erreichen. Die 1735 gilt als die gelungene Synthese der mechanischen und ästhetischen Philosophie von Blancpain.

ÄSTHETIK
Rundes Gehäuse von beträchtlicher Größe (40 mm Durchmesser, 14 mm Höhe), spiegelpoliert. Sprengdeckelboden mit Saphirglas-Sichtfenster. Chronographendrücker. Zifferblatt mit aufgesetzten arabischen Ziffern und skelettierten Zeigern für eine bessere Lesbarkeit der Anzeigen.

TECHNIK
Uhrwerk Kaliber 1735 mit automatischem Aufzug, Brücken und Platinen in Roségold, Platinrotor, 21.600 Halbschwingungen pro Stunde. Ringförmige Berylliumunruh, Schalträder zur Steuerung der Chronographenfunktionen, Gangreserve von 48 Stunden.

Das Uhrwerk der 1735.

Minutenrepetition »Liebesstunden« • Blancpain

Eine Kategorie von Zeitmessern, die mit dem Durchbruch der Armbanduhren in Vergessenheit gerieten, waren die so genannten »erotischen Uhren«. Damit wurden jene besonderen Taschenmodelle bezeichnet, die seit dem Ende des 18. Jahrhunderts erzeugt wurden und hinter einem Deckel verborgen – zum Schutz vor neugierigen Blicken – amouröse Abbildungen zeigten. Die Bewegungen der dargestellten Figuren mittels eines Mechanismus ließen üblicherweise an Deutlichkeit nichts offen. Das Armbandmodell von Blancpain trägt in ihrem Inneren eine Vorrichtung, die nicht nur die Stunden, Viertelstunden und Minuten schlägt, sondern auch durch ein Saphirglas-Sichtfenster im Boden einige kleine Figuren präsentiert, deren Beschäftigung wohl unter das »Jugendschutzgesetz« fällt. Diese freizügigen Darstellungen sind entweder eingraviert *(wie bei dem hier vorgestellten Exemplar)* oder in Email ausgeführt. Ihre Fertigung erfordert langwierige und sorgfältige Vorbereitungen, um ein Uhrwerk zu schaffen, bei dem die raffinierte Komplikation der Minutenrepetition mit der Vorrichtung für die Figuren kombiniert wird.

ÄSTHETIK
Dreiteiliges Gehäuse mit Saphirglas-Sichtfenster. Weißes Emailzifferblatt, aufgesetzte römische Ziffern, kleine Sekunde bei 6 Uhr, Blattzeiger.

TECHNIK
Uhrwerk mit Handaufzug, Minutenrepetition und erotische Abbildung werden durch den Repetitionsschieber gestartet. Der Mechanismus zur Bewegung der Figuren hat eine Stärke von 0,7 mm.

Visitenkarte

Herstellungsjahr
1993

Gehäuse
Platin

Zifferblatt
Weiß

Uhrwerk
Mechanisch mit Handaufzug

Funktionen
Minutenrepetition, erotischer Automat

Bewertung
☆☆☆☆

Breguet • Äquation

Visitenkarte

Herstellungsjahr
1991

Gehäuse
Gelbgold

Zifferblatt
Silbern

Uhrwerk
Mechanisch mit automatischem Aufzug

Funktionen
Ewiger Kalender, Indikation der Zeitgleichung, Gangreserve

Bewertung
☆☆☆☆

Äquation: Diese Bezeichnung einer raffinierten mechanischen Vorrichtung steht für eines der prestigeträchtigsten Modelle der 90er-Jahre aus dem Hause Breguet. Zur besseren Darlegung dieser Komplikation benötigt man die Erklärung einiger einfacher Begriffe aus der Astronomie. Als »wahrer Mittag« gilt jener exakte Zeitpunkt, an dem sich die Sonne in einem Winkel von 90° über uns befindet. Aufgrund der elliptischen Form der Erdumlaufbahn variiert diese Anzeige täglich und hängt von unserer Position auf der Erde ab. Der »mittlere Mittag«, der auf der Uhr durch die 12-Uhr-Anzeige angegeben wird, stellt folglich eine weltweite Konvention dar, um die Uhrzeit leichter abzulesen, weicht aber von der tatsächlichen Planetenbewegung ab. Nur vier Mal im Jahr – am 15. April, am 14. Juni, am 1. September und am 24. Dezember – ist die Zeitgleichung, ausgedrückt durch die Differenz der mittleren und der wahren Sonnenzeit, gleich Null und die beiden »Mittage« (wahrer und mittlerer) stimmen überein. An den anderen Tagen des Jahres liegt die Abweichung der Jahrestage zwischen 14 Mi-

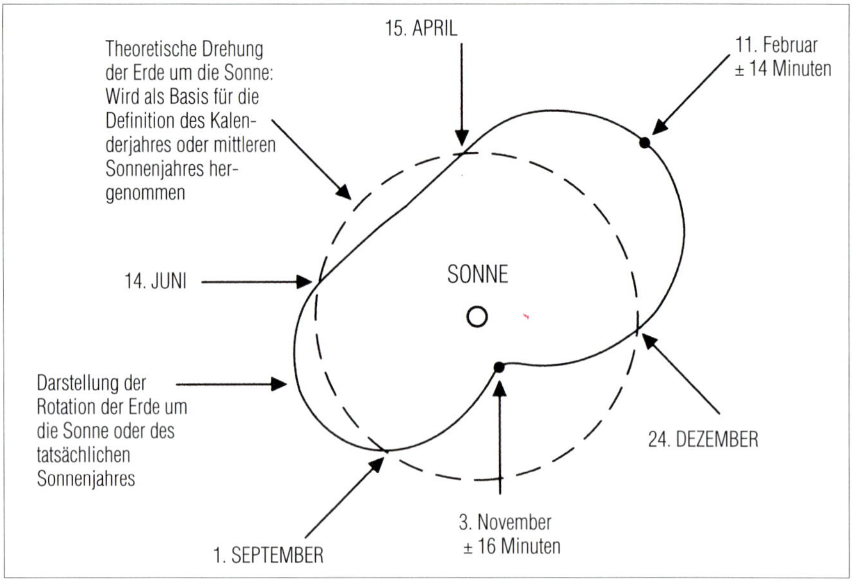

nuten und 26 Sekunden am 11. Februar und 16 Minuten und 21 Sekunden am 3. November. Der Zeiger der Zeitgleichung bei dieser Uhr von Breguet gibt jeden Tag die registrierte Abweichung an. Es genügt, die Konstante der Position hinzuzufügen, deren Wert vom exakten Standpunkt abhängt, und man kann genau die wahre Sonnenzeit berechnen. Will man zum Beispiel den wahren Mittag in Mailand am 15. September wissen, dann muss man zum mittleren Mittag die Position von Mailand hinzufügen (entspricht 23'14") und den durch die Zeitgleichung angegebenen Wert auf dem Zifferblatt der Uhr (liegt am 15. September bei 23'14"). Dadurch ergibt sich, dass der wahre Mittag bei 12 Uhr 27 Minuten und 42 Sekunden liegt.

Die Äquation und ihr Mechanismus. Vorige Seite unten: Schematische Darstellung der Abweichung des mittleren Mittags vom wahren Mittag. Am Schnittpunkt der beiden Kurven beträgt der Wert der Zeitgleichung gleich Null.

ÄSTHETIK

Rundes Gehäuse, Druckboden, Korrekturdrücker für die Anzeige des Kalenders im Mittelteil. Goldenes Zifferblatt, Stunden in römischen Ziffern, analoge Anzeige der Monatstage bei 6 Uhr, Monatszeiger aus der Mitte, Schaltjahr links unten. Gangreserve und Zeitgleichung befinden sich in einem separaten Bereich links und rechts des Fensters mit dem Wochentag bei 12 Uhr. Breguet-Zeiger.

TECHNIK

Uhrwerk mit automatischem Aufzug Kaliber 502 DPE, 37 Rubine.

Breguet • Tourbillon

Visitenkarte

Herstellungsjahr
ca. 1990

Gehäuse
Gelbgold

Zifferblatt
Silbern

Uhrwerk
Mechanisch mit Handaufzug

Funktionen
Tourbillon

Bewertung
☆☆☆☆

Wenn man von den Armband-Tourbillons spricht, darf eines der repräsentativsten Modelle von Breguet natürlich nicht fehlen. Diese Nobelmarke führt nämlich die Tradition des großen Abraham-Louis Breguet fort. Dieser berühmteste aller Uhrmachermeister war es auch, der Anfang des 19. Jahrhunderts den Tourbillon erfunden hat, ein besonderes Systems zur deutlichen Verbesserung der chronometrischen Leistungen der Uhr. Das Uhrwerk dieses Tourbillons trägt ebenfalls wie die anderen nachfolgenden Modelle, welche über dieselbe Vorrichtung verfügen (wie etwa der Tourbillon Chronograph aus den 90er-Jahren), jenes Datum eingraviert, an dem Abraham-Louis Breguet den Antrag auf das Patent für diesen großartigen Mechanismus eingereicht hat (7 Messidor An 9). Dies nach dem französischen Revolutionskalender angegebene Datum entspricht dem 26. Juni 1801.

ÄSTHETIK
Rundes Gehäuse mit kanneliertem Mittelteil (typische Rändelung der von Breguet erzeugten Modelle) und 36 mm Durchmesser bei einer Höhe von rund 10 mm. Boden mit Saphirglas-Sichtfenster. Guillochiertes Zifferblatt in Gold mit dezentraler Anzeige der Stunden und große Aussparung über dem Tourbillonkäfig, römische Ziffern, Breguet-Zeiger.

TECHNIK
Uhrwerk Kaliber Breguet 558, 13 Linien, Handaufzug, 21 Rubine, Schraubenunruh, Breguet-Spirale.

Tourbillon • Daniel Roth

Die Arbeiten von Daniel Roth zeigen deutlich, wie sich das Talent eines Uhrmachermeisters in stets neuen Formen und Inhalten ausdrücken kann. Design und Mechanik sind derart beschaffen, dass sie bei jedem echten Liebhaber starke Emotionen wecken. Dieser »Zeitkünstler« hat uns eine ganz persönliche Interpretation des Tourbillons geliefert. Die Form des Gehäuses, die Verwendung eines doppelten Zifferblattes und die Anwendung eines besonderen Systems für die kleine Sekunde stellen die wesentlichen Merkmale des »Tourbillon nach Roth« dar. Zur Anzeige der Sekunden hat sich dieser geniale Tüftler der Bewegung des Tourbillonkäfigs bedient, um drei unterschiedlich lange Zeiger anzubringen. Sie verfügen über ein gemeinsames Drehzentrum und zeigen auf drei konzentrischen 20-Sekunden-Skalen bei 6 Uhr die laufenden Sekunden an.

ÄSTHETIK
Ellipsenförmiges Gehäuse, spiegelpoliert, Korrekturdrücker des Datums im Mittelteil. Guillochiertes Hauptzifferblatt mit großer Aussparung über dem Tourbillonkäfig, dezentrale Stunden, kleine Sekunde bei 6 Uhr. Individuelle Nummer der Uhr auf dem Zifferblatt. Zweites Zifferblatt mit Anzeige des Datums und der Gangreserve.

TECHNIK
Uhrwerk mit Handaufzug, COSC-Zertifikat, 23 Rubine, 18.000 Halbschwingungen pro Stunde, Gangreserve von ca. 44 Stunden.

Visitenkarte

Herstellungsjahr
1989

Gehäuse
Roségold

Zifferblatt
Doppeltes versilbertes Zifferblatt

Uhrwerk
Mechanisch mit Handaufzug

Funktionen
Tourbillon

Bewertung
☆☆☆

Die beiden Gesichter des Tourbillons.

Girard-Perregaux • Tourbillon mit drei Goldbrücken

Visitenkarte

Herstellungsjahr
1991

Gehäuse
Platin

Zifferblatt
Durchsichtig

Uhrwerk
Mechanisch mit Handaufzug

Funktionen
Tourbillon

Bewertung
☆☆☆

Der Tourbillon mit drei Goldbrücken wurde von zwei Taschenuhren aus der Vergangenheit inspiriert: Die erste stammt von Constant Girard-Perregaux und kam 1890 in einer Auflage von wenigen Stück auf den Markt. Die zweite stellt eine getreue Neuauflage einer Taschenuhr dar, die mehr als ein Jahrhundert nach dem Original aus dem 19. Jahrhundert gefertigt wurde. Die Besonderheit dieses Tourbillons ergibt sich aus der Verwendung von Gold auch beim Mechanismus. Zu diesem Zweck sieht der Entwurf des Antriebs die Konstruktion von drei langen, parallelen Brücken vor, die im gleichen Abstand angeordnet sind und jeweils in zwei Pfeilspitzen enden. Girard-Perregaux hat sich beim Armbandmodell der »Drei Brücken« derselben technischen und ästhetischen Prinzipien bedient wie bei den Vorgängermodellen. Es erfolgte bloß eine Anpassung an die Erfordernisse der Zuverlässigkeit und Robustheit, die für den täglichen Gebrauch einer solchen Uhr vonnöten sind. Auch die Architektur des Mechanismus hat einige Veränderungen erfahren, um die drei Brücken gut sichtbar unter dem Zifferblatt anzubringen. Sie bestehen bei den Armbandmodellen ausschließlich aus Roségold. Dieser Tourbillon aus dem Hause Girard-Perregaux genießt in Sammlerkreisen hohes Ansehen.

ÄSTHETIK
Rundes Gehäuse, durchsichtiges Zifferblatt, brünierte Zeiger.

TECHNIK
Mechanisches Uhrwerk mit Handaufzug, 12 Linien, 20 Rubine, Glucydur-Unruh mit Kompensationsschrauben in Gold, mehr als 75 Stunden Gangreserve.

Der Tourbillon mit drei Goldbrücken und sein Mechanismus.

Grand Complication • IWC

Ein Übung in großem Stil für IWC. Mit diesen Worten kann man die Grand Complication vorstellen, eine Uhr, die durch die Mächtigkeit ihres Gehäuses und gleichzeitig durch die Eleganz der Linienführung beeindruckt. Sie wurde ursprünglich ausschließlich mit einem Gehäuse aus Platin angeboten, wird jetzt aber auch im traditionellen Gelbgold erzeugt. Ihr klassisches Äußeres steht im krassen Gegensatz zur digitalen Anzeige des Jahres. Dies verleiht der Uhr jedoch ein bestimmtes Maß an Modernität, die von ihrer Bauweise her eigentlich an die Modelle mit mehreren Komplikationen der 30er-Jahre angelehnt ist. Damals gelangten nämlich die Armbanduhren erstmals in größerem Umfang auf den Markt und regten so die einzelnen Hersteller an, immer komplexere Uhrwerke zu erzeugen.

ÄSTHETIK
Rundes Gehäuse mit einem Durchmesser über 42 mm und einer Höhe von 16,3 mm. Rechteckige Chronographendrücker und Saphirglas zum Schutz des Zifferblattes. Weißes Zifferblatt mit Stabindizes. Die Anzeigen (chronographische und astronomische) befinden sich auf vier Hilfszifferblättern.

TECHNIK
Uhrwerk Kaliber IWC 79091 mit automatischem Aufzug, 75 Rubine, Rotor aus Gold 21 Karat.

Visitenkarte

Herstellungsjahr
1990

Gehäuse
Platin

Zifferblatt
Silbern

Uhrwerk
Mechanisch mit automatischem Aufzug

Funktionen
Chronograph, Ewiger Kalender, Mondphasen, Minutenrepetition

Bewertung
☆☆☆☆

IWC • Da Vinci-Chronograph mit Ewigem Kalender

Visitenkarte

Herstellungsjahr
1985

Gehäuse
Gelbgold

Zifferblatt
Silbern

Uhrwerk
Mechanisch mit automatischem Aufzug

Funktionen
Chronograph, Ewiger Kalender

Bewertung
☆☆☆

Die Da Vinci stellte eine wirkliche Revolution in der Welt der Uhrmacherkunst dar. Zum ersten Mal wurde ein Chronograph mit Ewigem Kalender zu einem moderaten Preis angeboten. Dieser lag trotz der hohen Qualität der Uhr weit entfernt von jenen Summen, welche die übrigen Schweizer Uhrenmanufakturen für ein Produkt dieser Klasse verlangten. Die Spezialität des Chronographen mit Ewigem Kalender wurde von IWC mit dem Modell Da Vinci derart interpretiert, dass damit eine Version außerhalb der üblichen mechanischen und ästhetischen Lösungen geschaffen wurde. Das von den Technikern entwickelte Projekt hat in der Tat einige Neuerungen gebracht, die das komplexe System des Ewigen Kalenders vereinfacht haben. Auf diese Weise konnten die Produktionskosten verringert werden, ohne die Zuverlässigkeit und Funktionalität zu beeinträchtigen. Von den zahlreichen Merkmalen der Da Vinci fallen vor allem die vierstellige digitale Anzeige des Jahres auf, wie auch die Möglichkeit, die Anzeigen des Ewigen Kalenders über die Aufzugskrone einzustellen, oder die Dichtheit bis 3 Atmosphären Druck (ein ungewöhnlicher Wert für eine solche Uhr). Im Laufe der Jahre folgten zahlreiche Versionen in verschiedenen Metallen, von den drei typischen Goldfarben bis zum Platin, vom Inoxstahl bis zum Zirkonium (High-Tech-Keramik von äußerster Härte und Zähigkeit), als Schleppzeiger-Chronograph oder mit Tourbillon. Die Da Vinci zählt folglich im Angebot von IWC zu den Klassikern unter den Armbanduhren. Interessant ist auch die Entwicklung des Sichtfensters zum Schutz des Zifferblattes. Das ursprüngliche Plexiglas aus dem Jahre 1985 wird heute durch ein bombiertes Saphirglas ersetzt.

ÄSTHETIK
Dem Durchmesser von 39 mm entspricht eine großzügige Höhe von 14,3 mm. Zwei Chronographendrücker. Weißes Zifferblatt (je nach Art des Gehäuses auch in anderen Farben erhältlich) mit Stabindizes, Anzeige der Mondphasen bei 12 Uhr und des Datums in einem entsprechenden Fenster zwischen 7 und 8 Uhr.

TECHNIK
Uhrwerk Kaliber IWC 79261 mit automatischem Aufzug, 39 Rubine, Gangreserve von 44 Stunden.

Die Da Vinci mit Gehäuse aus Zirkoniumoxid.

Reverso 60ème • Jaeger-LeCoultre

Im Laufe der 90er-Jahre hat sich Jaeger-LeCoultre entschlossen, sechs spezielle Versionen der Reverso in einer limitierten Auflage von je 500 Stück auf den Markt zu bringen. Das Ausgangsmodell war jener Urtyp höchster technischer Entwicklung auf dem Gebiet des rechteckigen Gehäuses aus dem Jahre 1931. Das erste Stück dieser Serie erfolgte aus Anlass des 60. Geburtstages dieser Uhr mit dem Wendegehäuse.

ÄSTHETIK
Wendegehäuse, Boden mit Saphirglas-Sichtfenster. Silbernes Zifferblatt, Datum mit Zeiger, Anzeige der Gangreserve bei 11 Uhr.

TECHNIK
Uhrwerk Kaliber JLC 824 mit Handaufzug, 193 Teile (davon 23 Rubine), gebläute Schrauben. Das Uhrwerk besteht aus Roségold 14 Karat.

Visitenkarte

Herstellungsjahr
1991

Gehäuse
Roségold

Zifferblatt
Silbern

Uhrwerk
Mechanisch mit Handaufzug

Funktionen
Gangreserve, Datum

Bewertung
☆☆☆

Reverso Tourbillon • Jaeger-LeCoultre

Der Tourbillon, eine der raffiniertesten mechanischen Komplikationen der klassischen Uhrmacherkunst, wurde für diese Reverso-Kollektion in einer ungewöhnlichen Weise ausgeführt. Diese Uhr ist durch ein Uhrwerk gekennzeichnet, das die rechteckige Form des Gehäuses aufweist. Diese von Breguet erfundene Vorrichtung ist in diesem Fall mit der Anzeige der Gangreserve verbunden.

ÄSTHETIK
Wendegehäuse, Uhrwerk sichtbar durch den Boden mit Saphirglas-Sichtfenster. Silbernes Zifferblatt mit guillochiertem Zentrum und Hilfszifferblatt der kleinen Sekunde, Anzeige der Gangreserve durch Schwenken des Gehäuses um 180° sichtbar *(Abbildung oben und links)*.

TECHNIK
Uhrwerk Kaliber JLC 828 mit Handaufzug, 194 Teile.

Visitenkarte

Herstellungsjahr
1993

Gehäuse
Roségold

Zifferblatt
Silbern

Uhrwerk
Mechanisch mit Handaufzug

Funktionen
Gangreserve, Tourbillon

Bewertung
☆☆☆

Patek Philippe • Tourbillon

Visitenkarte

Herstellungsjahr
1981

Gehäuse
Gelbgold

Zifferblatt
Weiß

Uhrwerk
Mechanisch mit Handaufzug

Funktionen
Tourbillon

Bewertung
☆☆☆☆

Die Armband-Tourbillons von Patek Philippe zeichnen sich stets durch ihre außergewöhnlichen Lösungen aus, die vielfach noch durch wertvolle Applikationen unterstrichen werden. Es fehlt auch die Aussparung im Zifferblatt, die sonst einen Blick auf den Tourbillonkäfig gewährt, ohne das Gehäuse öffnen zu müssen. Der einzige Hinweis – auch bei den Exemplaren jüngster Produktion – besteht im Schriftzug »Tourbillon«, der auf das Vorhandensein dieser ausgeklügelten Vorrichtung hinweist. Das Exemplar rechts gehört zu einer von fünf Serien zwischen 1958 und 1966. Ihr Urheber und »régleur« war André Bornard (diese Bezeichnung trugen einst jene Uhrmacher, die sich der Einstellung der Präzision jener Uhren widmeten, die an chronometrischen Wettkämpfen teilnahmen). Er hatte bereits 1945 für Patek Philippe eine Armbanduhr mit Tourbillon geschaffen. Die Präzision, die diese raffinierte Konstruktion auszeichnete, hat diesem Exemplar – mit der Nr. 866502 – den ersten Preis in seiner Kategorie beim Chronometriewettbewerb des Observatoriums von Genf eingebracht.

ÄSTHETIK
Rechteckiges Gehäuse aus dem Jahre 1981, Zifferblatt in weißem Email mit aufgesetzten Indizes, Stabzeiger aus Gold. Hilfszifferblatt der kleinen Sekunde bei 8 Uhr.

TECHNIK
Mechanisches Uhrwerk Kaliber 34T mit Handaufzug, 23 Rubine, Gangreserve von 57 Stunden.

Schleppzeiger-Chronograph/Ewiger Kalender • Patek Philippe

Eine faszinierende Variation des Chronographen mit Ewigem Kalender wurde von Patek Philippe 1951 (mit einer Auflage von nur drei Exemplaren der Referenz 2571) und 1995 mit der Präsentation des herrlichen Modells mit der Referenz 5004 entwickelt. In beiden Fällen wird der Ewige Kalender durch einen Schleppzeiger »komplettiert«. Dennoch unterscheiden sich viele Elemente des Zifferblattes, wobei der abweichende Stil der Zeiger, des Gehäuses und der Drücker auf den ästhetischen Unterschied zwischen beiden Linien hinweist. Gleichzeitig unterstreicht er jedoch das klassische Design und die für Patek Philippe typische Ausdrucksweise. Die Aufzugskrone zeigt dann jenes mechanische Merkmal, das die beiden Uhren endgültig voneinander trennt. Der Schleppzeiger der Version aus dem Jahre 1951 wird in Betrieb gesetzt, indem man die Aufzugskrone drückt, während beim Modell mit der Referenz 5004 dies über einen in die Krone integrierten Drücker geschieht.

Visitenkarte

Herstellungsjahr
1951

Gehäuse
Gelbgold

Zifferblatt
Silbern

Uhrwerk
Mechanisch mit Handaufzug

Funktionen
Schleppzeiger-Chronograph, Ewiger Kalender

Bewertung
☆☆☆☆

ÄSTHETIK
Rundes Gehäuse, Chronographendrücker, Stabindizes, Dauphin-Zeiger (Referenz 2571). Rundes Gehäuse mit Durchmesser über 36 mm, Boden mit Saphirglas-Sichtfenster, Zifferblatt mit aufgesetzten arabischen Ziffern und Blattzeiger (Referenz 5004).

TECHNIK
Uhrwerk mit Handaufzug, 13 Linien, 40 Rubine, monometallische Schraubenunruh (Referenz 2571). Uhrwerk mit Handaufzug, 407 Teile (28 Rubine), Gyromax-Unruh, Gangreserve von 60 Stunden (Referenz 5004).

Links: Schleppzeiger-Chronograph mit Ewigem Kalender (seit 1995). Oben: Modell aus dem Jahre 1951 für das Uhrenhaus »Gübelin«.

Ulysse Nardin • Astrolabium Galileo Galilei

Visitenkarte

Herstellungsjahr
1985

Gehäuse
Gelbgold

Zifferblatt
Grauweiß

Uhrwerk
Mechanisch mit automatischem Aufzug

Funktionen
Analoge Darstellung des Gregorianischen Kalenders

Bewertung
☆☆☆

Ulysse Nardin hat im Laufe der 80er-Jahre eine Serie von drei Stück auf den Markt gebracht, welche die Neugier und Fantasie der Liebhaber von astronomischen Uhren angeregt haben. Ludwig Oechslin, der Vater dieser »mechanischen Wunder« aus dem Masion in Le Locle, hat in seiner Trilogie das über lange Jahre an Studien und Restaurierungen von antiken Planetenuhren angeeignete Wissen weitergegeben. Die Genialität von Oechslin zeigt sich in seiner Fähigkeit, die antiken Räderwerke auf die Größe einer Armbanduhr umzusetzen. Das erste Beispiel dieses herrlichen Trios ist die Galileo Galilei gewidmete Astrolabium. Hier stellt die Anzeige der Zeit einen Vorwand dar, um – wenn auch nur für einen sehr kurzen Zeitraum – den wahren Zweck eines wahrlich komplexen Mechanismus zu verbergen: Die optische Darstellung aller astronomischen Informationen des Gregorianischen Kalenders auf einem einzigen Zifferblatt (dazu zählen der Monat, der Wochentag, die Tierkreiszeichen, die Sonnen- und Mondfinsternisse, Auf- und Untergang von Mond und Sonne).

ÄSTHETIK
Groß dimensioniertes Gehäuse (44 mm Durchmesser, nur 13 mm Höhe), Lünette mit gravierter 24-Stunden-Skala (abwechselnd römische und arabische Ziffern), Boden mit Saphirglas-Sichtfenster. Zifferblatt blau und silbern mit astronomischen Indikationen.

TECHNIK
Uhrwerk Kaliber UN97 mit automatischem Aufzug, 33 Rubine, Rotor in Weißgold, feinbearbeitet und graviert.

Glossar

ABWEICHUNG
Differenz zwischen der von der Uhr angezeigten und der tatsächlichen Zeit. Dabei kann es sich um ein Vor- oder Nachgehen der Uhr handeln.

ADJUSTED
Englischer Begriff auf dem Mechanismus von Uhren, der die Regulierung des Uhrwerks in einer oder mehreren Lagen angibt.

AKTIVE SPIRALFEDERLÄNGE
Damit wird die Länge zwischen der Rolle und dem Rücker der Gangregelung (zwischen Rolle und Spiralklötzchen bei freien Spiralfedern) angegeben. Von der aktiven Länge hängt die Periode der Unruh ab. Ein Verkürzen lässt die Unruh schneller, ein Verlängern hingegen langsamer schwingen.

AMTLICHE PRÜFSTELLE
Institut, das die Uhren einer Reihe von Präzisionstests unterzieht und das Chronometerzertifikat ausstellt.

ANALOG
Bezeichnung für eine Uhr mit Anzeige der Zeit mittels Zeigern.

ANKER
Jener Teil der Hemmung aus Stahl oder Messing, dessen Form an einen Schiffsanker erinnert.

ANTIMAGNETISCH
Eine mit Materialen gefertigte Uhr, die unempfindlich gegenüber magnetischen Einflüssen ist. In den meisten Fällen wird jedoch nur das Uhrwerk mit einem magnetischen Schutzschirm versehen, der aus dem Zifferblatt und einer Kapsel besteht, welche aus reinem Eisen (auch Weicheisen genannt) gefertigt ist und das Uhrwerk umgibt oder über diesem eine Abdeckung bildet.

AUFZUGSKRONE
Zum Aufziehen der Uhr und Verstellen des Datums und der Zeit (für diese Funktion muss sie leicht aus ihrem Sitz herausgezogen werden).

AUTOMATIK
Aufzugsvorrichtung einer Uhr, bei der die Mechanik die Aufgabe übernimmt, die Zugfeder stets gespannt zu halten, ohne dass der Uhrbesitzer dies selbst durchführen muss. Der automatische Aufzug erfolgt über die Bewegungen des Armes.

BREGUET
Der Name dieses genialen und produktiven Uhrmachermeisters bezeichnet jene Teile der Uhr, die von ihm eingeführt wurden: Breguet-Zeiger, Breguet-Ziffern, Breguet-Spirale.

BREGUET-SPIRALE
Eine Art Spirale mit doppelt knieförmig nach oben gebogenem letzten Spiralumgang. Auf diese Weise konnte das Problem der exzentrischen Ausdehnung einer Spiralfeder zum Teil gelöst werden. Diese Erfindung von Abraham-Louis Breguet dehnt sich gleichmäßiger aus und beeinflusst so den Gang der Uhr in geringerem Maße.

BRIDE
Jener Teil der Zugfeder, der diese mit der Wand des Federhauses verbindet. Sie kann fest angebracht (typisch für Uhren mit Handaufzug) oder frei beweglich sein (Automatikuhren).

BRÜCKE
Metallischer Teil, in dem sich in einem auf der Brücke befestigten Lager die oberen Zapfen der rotierenden Uhrteile drehen.

CABOCHON
Rundgeschliffener Zier- oder Edelstein, der manchmal als Abschluss einer Aufzugskrone eingesetzt wird.

COSC (Contrôle Officiel Suisse des Chronomètres)
Die Schweizer Bundesbehörde wurde 1973 eingerichtet und hat ihren Sitz in La Chaux-de-Fonds. Dort befinden sich die Prüfstellen, welche die für die Ausstellung eines Chronometerzertifikats notwendigen Ganggenauigkeitstests durchführt.

CHRONOGRAPH
Mechanismus, der die Dauer eines bestimmten Vorgangs messen kann. Diese Messung wird durch das Betätigen eines Drückers ausgelöst. Ein weiteres

Drücken hält den Zeiger wieder an. Anschließend muss er wieder auf Null gestellt werden. Dem frühen Chronographen mit einem Drücker (alle Funktionen werden mittels eines einzigen Drückers ausgeführt) folgte der klassische Chronograph mit zwei Drückern. Eine Klassifizierung der Chronographen kann über die verschiedenen Kupplungssysteme des Stoppmechanismus erfolgen: Chronograph mit Schaltrad, Chronograph mit Schalthebel, Chronograph mit Schaltnocken, Chronograph mit Schwingtrieb.

CHRONOMETER
Uhr, deren Präzision durch ein offizielles Gangzeugnis eines der »amtlichen« Schweizer Observatorien garantiert wird.

CHRONOMETERZERTIFIKAT
Ein von einem Observatorium oder einer amtlichen Prüfstelle ausgestelltes Dokument, das die Präzision des Uhrwerks (mechanisch oder elektronisch) einer Uhr bestätigt. Dabei wird dieses einer Reihe von Tests in verschiedenen Lagen und bei verschiedenen Temperaturen unterzogen.

CHRONOMETRISCHES OBSERVATORIUM
Abteilung wissenschaftlicher Observatorien, die sich der Kontrolle von Uhren widmen, sie härtesten Tests unterwirft. Die chronometrischen Observatorien veranstalteten auch jährliche Wettbewerbe der Chronometrie, die zur Verbesserung der Präzision beigetragen haben. Die letzten Chronometriewettbewerbe fanden 1967 statt. Seit damals sind die amtlichen Prüfstellen die einzigen Laboratorien, die ein Chronometerzertifikat ausstellen können.

DATUMSANZEIGE
Funktion, welche die entsprechende Kardinalzahl des Monatstages angibt. Dies kann entweder digital über ein entsprechendes Fenster oder über einen analogen Zeiger erfolgen.

DECKSTEIN
Lager aus Rubin (oder einem anderen Material), das auf einer Seite flach und auf der anderen gewölbt ist. Auf der flachen Seite ruht der Zapfen der Welle. Der Deckstein wird bei den Zapfen der Unruh verwendet, um die Unruhwelle in der richtigen Lage zu halten und die Reibung während der Drehung der Zapfen zu verringern.

DEKOR
Summe der künstlerischen Elemente zur Verschönerung eines oder mehrerer Teile der Uhr. Beim Uhrwerk erlauben mechanische Verfahren eine Vielzahl von verschiedenen Oberflächengestaltungen bei den Brücken und Platinen. Dazu zählen die Perlierung, das Colimaçonnage-Dekor sowie die »Genfer Streifen« und das Fausses-côtes-Dekor. Die Zifferblätter der Uhren hingegen werden mit raffinierten geometrischen Motiven oder Emaillierungen verziert.

DIAPASON
Uhrwerk, bei dem das Regulierorgan aus einem kleinen Diapason besteht. Als Vorläuferin der Quarzuhr erreichte die Diapasonuhr eine ausgezeichnete Präzision, da die Schwingungen des Quarzes sehr stabil sind.

DIGITAL
Die Anzeige mittels Zahlen anstelle herkömmlicher Zeiger. Die digitale Anzeige kann elektronisch oder mechanisch erfolgen.

DREIVIERTELPLATINE
Wenn das Räderwerk – mit Ausnahme des Hemmungsrades – auf einer Werkplatte untergebracht ist, die drei Viertel der Fläche bedeckt.

DRUCKKNÖPFE
Teile von unterschiedlichster Form, die am Mittelteil des Gehäuses oder in der Aufzugskrone angebracht sind. Mit ihnen werden die chronographischen Funktionen oder andere Vorrichtungen der Uhr gestartet oder gestoppt bzw. Korrekturen durchgeführt.

EINSTELLRING
Drehelement, der sich im Allgemeinen auf dem Mittelteil befindet und auf dem die Indikationen angebracht sind (z. B. Skalenring zum Messen der Tauchzeit bei Taucheruhren).

EMAILLIERUNG
Dekorative Technik, eingesetzt zur Verzierung von Gehäusen, der Zifferblätter oder der Gehäuseböden. Die dabei am häufigsten verwendeten Verfahren sind die als »Cloisonné« (Zellenschmelz) und »Champlevé« (Grubenschmelz) benannten Techniken, die das Anbringen von Ornamenten ermöglichen.

EWIGER KALENDER
Der Mechanismus schaltet den gesamten Kalender automatisch, angefangen

von den verschiedenen Monatslängen über Wochentag und Monat bis zu den Schaltjahren. Meist kommt noch ein Mondphasenanzeiger hinzu. Nur in sehr teuren Uhren.

EXTRAFLACH (ULTRAFLACH)
Äußerst flaches Uhrwerk oder Gehäuse.

FEDERHAUS
Zylindrischer Teil, in dessen Inneren sich die Zugfeder befindet. Bei den Armbanduhren greift die Trommel mit der Verzahnung in das Aufzugsrad ein.

FEDERSTIFT
Kleiner Stift aus Metall, der zwischen den beiden Stegen des Gehäuses fixiert wird und zur Befestigung des Uhrbandes dient. Er kann fest angebracht (aufgeschweißt) oder beweglich sein.

FEINGEWICHT
Verhältnis des Gewichts des Edelmetalls (Gold, Platin) zum Gesamtgewicht einer Legierung. Das Feingewicht wird in Tausendstel oder in Karat angegeben. Reines Gold verfügt über ein Feingewicht von 24 Karat oder 1000/1000.

FLACHSPIRALFEDER
Spiralfeder, die sich exzentrisch während der Phasen der Ausdehnung und der Kontraktion aus- und aufwickelt. Dies ergibt ein Ungleichgewicht, das die chronometrischen Leistungen der Uhr bedingt.

FLYBACK
Besonderer Mechanismus beim Chronographen, bei dem durch Betätigung des unteren Drückers der Stoppzeiger angehalten, zurückgestellt und ohne Verzögerung sofort wieder gestartet werden kann.

FORM
Mit dem Begriff Form werden alle Gehäuseformen bezeichnet, die von der klassischen runden abweichen.

FORMWERK
Alle Formen außer der runden: oval, quadratisch, rechteckig.

FREIE SPIRALFEDER
Spirale, deren aktive Länge sich von der Rolle bis zum Spiralklötzchen erstreckt, da der Gangregler und damit auch der Rücker fehlen. Diese kommt bei einigen Spezialunruhen wie z. B. der Gyromax zum Einsatz.

FREQUENZ
Anzahl der Schwingungen eines Zeitorgans innerhalb einer Zeiteinheit (1 Sekunde). Die Frequenz wird bei den mechanischen Uhren ausschließlich in Halbschwingungen/Stunde und bei den Quarzuhren in Hertz angegeben. Mechanische Uhren mit 28.800 und 36.000 A/h tragen die Bezeichnung »Schnellschwinger«.

GANGREGLER
Mit seiner Hilfe kann der Gang der Uhr verändert werden, indem die aktive Länge der Spiralfeder durch Verschieben des Rückers variiert wird. Ein besonders kunstvoller Gangregler ist die so genannte »Schwanenhals-Feinregulierung«, die eine sehr genaue Einstellung ermöglicht.

GANGRESERVEANZEIGE
Zeiger, der jene Zeit anzeigt, die bis zur völligen Entspannung der Zugfeder verbleibt.

GEHÄUSE
Jener Teil, in dem sich das Uhrwerk befindet und der es vor Schmutz, Feuchtigkeit und Stößen schützt. Gleichzeitig verleiht das Gehäuse der Uhr ein attraktives Äußeres. Das Gehäuse kann aus zwei oder drei Teilen bestehen (Lünette, Mittelteil, Boden) und aus verschiedensten Materialien gefertigt sein. Die häufigsten Formen sind: rund; Carrée (quadratisch); Kissenform; rechteckig; asymmetrisch; Tonneauform; Tortueform; mit verborgenen Stegen.

GEHÄUSEBODEN
Unterster Teil des Gehäuses einer Armbanduhr. Dieser kann mittels Druck, Schrauben, eines Scharniers oder eines Gewindes am Mittelteil befestigt sein.

GLUCYDUR
Legierung aus Kupfer und Beryllium mit guten mechanischen Eigenschaften (Elastizität, Härte, Amagnetismus). Dieses Material wird häufig bei monometallischen Unruhen verwendet.

GMT (Greenwich Mean Time)
Die Abkürzung steht für die mittlere Zeit des Nullmeridians, der durch das Observatorium von Greenwich verläuft.

GOLD
In der Uhrmacherei wird dieses Edelmetall mit seiner außergewöhnlichen Leitfähigkeit und Formbarkeit für die Herstel-

lung von Gehäusen, Uhrbändern, Lünetten, Aufzugskronen und auch für besondere Teile des Uhrwerks verwendet.

GROSSER ZEIGER DES CHRONOGRAPHEN
Dieser befindet sich in der Mitte des Zifferblattes. Wird durch die Betätigung der Drücker gestartet, gestoppt oder auf Null gestellt.

GUILLOCHIERUNG
Aufbringen von verschlungenen, geometrischen Linien auf Metall, die sich kreuzen und kleine Rauten bilden. Wird zur Verzierung von Zifferblättern verwendet.

GYROMAX
Unruh, auf deren Reif sich einige kleine aufgeschnittene und durchlöcherte Zylinder befinden. Krümmt sich der aufgeschnittene Teil nach innen, wird ein Nachgehen verursacht, während die entgegengesetzte Bewegung ein Vorgehen bewirkt.

HALBSCHWINGUNG
Drehung der Unruh zwischen den beiden Umkehrpunkten. Uhren werden auch aufgrund der Halbschwingungszahl pro Stunde (A/h) unterschieden, welche ihr Regulierorgan ausführt. Bei mechanischen Armbanduhren sind folgende Halbschwingungen pro Stunde am häufigsten: 18.000, 21.600, 28.800, 36.000. Theoretisch gesehen – je nach Genauigkeit der Ausführung – ist die Präzision umso höher, je höher die Anzahl der Halbschwingungen (A/h) ist.

HEBESTEIN
Kleiner Zylinder auf dem Plateau (Teil der Unruhwelle), der die Unruh mit der Ankergabel während eines Impulses verbindet.

HEMMUNG
Verteilerorgan der Uhr, das sich zwischen dem Räderwerk und dem Regulierorgan befindet. Sie hat die Aufgabe, die Unruh mittels Impulse in Bewegung zu halten und zur gleichen Zeit die Anzahl der Schwingungen zu zählen, die dann durch das Räderwerk in die Zeitanzeige umgewandelt werden. Die Geschichte der mechanischen Uhr kennt ca. 200 verschiedene Arten von Hemmungen, von denen jedoch zahlreiche über das Projektstadium nicht hinauskamen. Bei fast allen Armbanduhren wird die Hemmung mit Schweizer Anker verwendet.

HERTZ
Die Frequenz eines periodischen Vorgangs, dessen Dauer eine Sekunde beträgt.

INDIZES
Diese bestehen aus stilisierten Elementen, Zahlen (arabische oder römische) oder Edelsteinen und markieren die Stunden und Minuten auf dem Zifferblatt.

KÄFIG
Gestell, das beim Tourbillon das Hemmungsrad, den Anker und das System Unruh-Spirale enthält.

KALENDARIUM
Uhren, deren Zifferblatt neben der Anzeige der Zeit einen Kalender in Form von drehbaren Scheiben o. ä. aufweisen. Selten werden auch die Mondphasen angezeigt.

KALIBER
Von Uhrmachern verwendeter Begriff für das Uhrwerk. Die Größe wird in Millimeter oder aber in »Pariser Linien« angegeben.

KOMPENSATIONSFEDER
Diese aus rostfreien und amagnetischen Materialien (Elinvar, Metelinvar, Isoval, Nivarox) gefertigte Spiralfeder hat den Vorteil, nur minimal auf die Auswirkungen von Temperaturschwankungen zu reagieren. Dadurch kann ein präziserer Gang der Uhr erreicht werden.

KOMPLIKATION
Fachausdruck für Uhrwerke, die neben der Anzeige der Stunden, Minuten und Sekunden weitere Indikationen aufweisen.

KORREKTURKNOPF
Kleine Druckknöpfe am Mittelteil des Gehäuses, um das Datum, den Wochentag, den Monat, die Mondphasen usw. zu korrigieren. Für diesen heiklen Vorgang müssen entsprechende Instrumente verwendet werden, deren Spitze das empfindliche Profil des Druckknopfs nicht beschädigen darf.

LCD (Liquid Crystal Display)
Englische Abkürzung für Flüssigkristallanzeige bei Quarzuhren.

LED (Light Emitting Diode)
Abkürzung für Leuchtdiodenanzeige bei den ersten elektronischen Uhren.

LUMINESZENZ
Eigenschaft von Zifferblättern, Zeigern und anderen Teilen der Uhr, die ein leichtes Ablesen der Uhrzeit oder anderer Funktionen auch im Dunkeln oder bei schlechten Sichtverhältnissen ermöglicht. Man verwendet dazu Substanzen wie Radium und Tritium. Ersteres kommt jedoch seit vielen Jahren wegen seiner starken Radioaktivität nicht mehr zum Einsatz.

LÜNETTE
Mit diesem Begriff wird jener Ring bezeichnet, der das Glas der Uhr umgibt. Die Lünette wird oben auf dem Mittelteil befestigt.

MATTIEREN
Bearbeitungstechnik von Metallen, die vor allem bei Zifferblättern angewendet wird, um eine nicht-reflektierende Oberfläche zu erzielen.

MESSING
Legierung aus Kupfer und Zink. Wird in der Uhrmacherkunst zur Herstellung von Rädern, Platinen und Brücken verwendet.

MIKROROTOR
Kleiner Rotor, der platzsparend im Uhrwerk untergebracht ist.

MINUTENREPETITION
Ausgeklügelter Mechanismus, der eine akustische Anzeige der Uhrzeit durch Betätigen eines Auslösers ermöglicht. Durch Betätigen eines Schiebers oder Druckknopfs auf dem Gehäuse schlägt die Uhr die Stunden, Minuten und Sekunden.

MINUTENZÄHLER
Kleines Zifferblatt des Chronographen mit Angabe der Minuten während eines Messvorganges.

MITTELEUROPÄISCHE ZEIT (MEZ)
Die für zahlreiche europäische Länder geltende Zeitzone. Die MEZ liegt eine Stunde vor der Greenwich Mean Time.

MITTELTEIL
Der mittlere Teil des Uhrgehäuses.

MONDPHASE
Anzeige der Mondphasen (auch Lunation genannt). Die Dauer des Mondumlaufs beträgt 29 Tage, 12 Stunden, 44 Minuten und 2,8 Sekunden – bei den Uhren sind dies 29 Tage und 12 Stunden.

NACHGEHEN
Anzahl der Sekunden und Minuten, die gegenüber der tatsächlichen Uhrzeit fehlen. Das Nachgehen wird mit dem Symbol »–« angezeigt.

NULL
Ausgangspunkt der Einteilung eines Zifferblattes.

OFFIZIELLES GANGZEUGNIS
Zeugnis, das die Präzision einer Uhr bescheinigt, die einer Reihe von Tests an einem Observatorium oder einer amtlichen Prüfstelle unterzogen wurde.

PARISER LINIE
Von Uhrmachern verwendete Maßeinheit für die Größe des Uhrwerks: Eine Linie entspricht 2,255 mm.

PERIODE
Die vom Regulierorgan aufgewendete Zeit für eine Schwingung.

PLATEAU
Kreisförmiger Teil auf der Unruhwelle. Auf ihrem Rand befindet sich der Hebestein. Gemeinsam mit der Sicherheitsscheibe bildet das Plateau ein einziges Teil.

PLATINE
Werkplatte, auf der das Uhrwerk aufgebaut ist. Die zweite Werkplatte besteht bei Armbanduhren meist aus Brücken und Kloben.

PLATIN
Stoßfestes und widerstandsfähiges Edelmetall, das für Gehäuse und Uhrbänder verwendet wird.

QUALITÄTSPUNZE
Auf dem Uhrwerk der Uhren befindliche Punzierung, welche die offiziell festgelegten öffentlichen Qualitäts- und Produktionsstandards bestätigt.

QUARZ
Regulierorgan der elektronischen Uhren. Es besteht aus Siliziumoxid. Die Schwingungen des Quarzes sind sehr hoch (32.768 Hertz bei den Armbanduhren gegenüber 2,5 bis 5 Hertz bei mechanischen Uhren) und gleichbleibend. Die Zahl der Schwingungen eines Quarzes wird durch seine Größe und die Form, in die er geschnitten ist, bestimmt.

RAD
In der Uhrmacherkunst werden als Räder jene gezahnten Teile definiert, die der

Übertragung einer Bewegung dienen. Sie sind in Räderwerken, Uhrwerken, Getrieben zu finden und unterscheiden sich durch Form, Position und Funktion.

RÄDERWERK
Übertragungsorgan bei den mechanischen Uhren, das aus einer Serie von Zahnrädern besteht (dem so genannten »Gehwerk«). Diese greifen so ineinander ein, dass jedes einzelne Rad sich in einer Geschwindigkeit dreht, die proportional zur Geschwindigkeit der Räder davor oder danach steht.

REFERENZ
Bezeichnung für ein bestimmtes Modell.

REGULIERUNG
Die Summe aller Vorgänge für eine höchstmögliche Präzision bei Uhren.

RHODINIEREN
Chemisches Verfahren, um die metallischen Teile der Uhr zu schützen, indem sie mit einer dünnen Schicht Rhodium überzogen werden.

ROTOR
Schwerer, halbkreisförmiger Teil, der durch die Bewegung der Hand frei in beide Richtungen schwingt und bei Automatikuhren mittels eines Räderwerkes die im Federhaus befindliche Feder aufzieht.

RUBIN
Lager aus synthetischen Rubinen (bis zum Beginn des 20. Jahrhunderts aus natürlichen Rubinen), die bei Uhrwerken eingesetzt werden, um die Reibung und Abnützung zu verringern und Öle sowie andere Schmiermittel für die drehenden Teile besser zu konservieren.

RUHEPOSITION (RUHEPUNKT)
Position des Gleichgewichts, das die Unruh annimmt, wenn sie still steht und keiner Kraft ausgesetzt ist.

RUNDES KALIBER
Die häufigste Kaliberform. Dabei wird der Durchmesser in Linien oder Millimetern angegeben.

SCHALTRAD
Aus zwei Teilen bestehendes Rad: Das untere verfügt über Zähne, während das obere durch eine senkrechte trapezförmige Säule gekennzeichnet ist. Es erfüllt bei den Schaltradchronographen die Aufgabe, die verschiedenen chronographischen Funktionen zu steuern.

SCHLEPPZEIGER-CHRONOGRAPH (RATTRAPANTE)
Dieser Chronograph unterscheidet sich durch einen zweiten Chronographenzeiger, auch Doppel- oder Schleppzeiger genannt. Uhren mit dieser Komplikation verfügen über drei Drücker, wobei sich zwei davon auf dem Gehäuse befinden, während der dritte – zum Auslösen der nachspringenden Sekunde – in die Aufzugskrone integriert ist. Er kann aber auch koaxial zu dieser oder an einer anderen Stelle des Gehäuses angebracht sein. Zum Messen von Zwischenzeiten bei Messvorgängen.

SCHWINGUNG
Bewegung der Unruh zwischen den beiden Umkehrpunkten und zurück zum Ausgangspunkt. Die Schwingung besteht aus zwei Halbschwingungen.

SCHWUNGMASSE
Metallisches Element in Form eines Halbmondes, das die Uhr automatisch aufzieht (die Schwungmasse unterscheidet sich vom Rotor dadurch, dass sie keine kompletten Drehungen vollführt).

SKALEN
Maßeinheiten eines Chronographen. Die gebräuchlichsten davon sind das Tachymeter zum Messen der Geschwindigkeit, das Pulsometer für das Ablesen der Pulsfrequenz, das Telemeter zur Berechnung der Entfernung eines Blitzes/Lichtstrahls, wenn diesem ein Knall folgt (wie dies bei einem Blitz oder Artilleriegeschoss der Fall ist) sowie der Rechenschieber für flugtechnische Berechnungen.

SPIRALFEDER
Sehr dünnes Metallband in Form einer Archimedischen Spirale. Ihre Aufgabe besteht darin, die Periode der Unruh gleichförmig zu halten.

STAHL
Legierung aus Eisen und Kohlenstoff, die vor allem für die Herstellung von Gehäusen von Armbanduhren zum Einsatz kommt. In den letzten Jahrzehnten nahm die Verwendung von rostfreiem Stahl (sehr widerstandsfähige Legierung aus Eisen, Chrom und Nickel) immer mehr zu.

STAYBRITE
Englische Bezeichnung, die häufig in der Uhrmacherkunst vorkommt: »Staybrite Steel« ist ein rostfreier Stahl.

STEG
Teil des Gehäuses, das den Mittelteil der Armbanduhr mit dem Uhrband verbindet.

STOSS-SICHERUNG
System von Decksteinen und Rubinlagern, die durch eine kleine Metallfeder in Position gehalten werden und in denen sich die Zapfen der Unruhwelle drehen. Auf diese Weise wird im Fall eines Stoßes verhindert, dass es zu Schäden kommt (bisweilen wird die Stoßsicherung auch auf die Teile der Hemmung ausgedehnt). Die gebräuchlichste Stoßsicherung ist heute Incabloc.

STUNDENZÄHLZEIGER
Hilfszifferblatt beim Chronographen, das bei langen Messvorgängen die verstrichenen Stunden anzeigt.

SWISS MADE
Bezeichnung für jene Uhren und Uhrwerke, die in der Schweiz zusammengesetzt und dort auch vom Hersteller reguliert wurden. Ferner müssen mindestens 50% aller Bestandteile aus Schweizer Fabrikation stammen (dem Wert nach gerechnet).

TITANIUM
Sehr widerstandsfähiges Leichtmetall, das für Armbanduhren verwendet wird, die über eine ausgeprägte sportliche Note verfügen.

TOURBILLON
Von Abraham-Louis Breguet Ende des 18. Jahrhunderts erfunden und von ihm selbst 1801 zum Patent angemeldet. Dieses mechanische System gleicht Gangungenauigkeiten aus, die durch die Einwirkung der Gravitation entstehen können. Es besteht aus einem Drehgestell, in dem sich das Hemmungsrad, der Anker und die Unruh befinden. Dieser Käfig dreht sich in einem bestimmten Zeitraum (üblicherweise eine Minute) einmal um sich selbst, wobei sein Drehpunkt mit dem der Unruh identisch ist. Die Unruh verändert folglich ständig ihre Lage und kann dadurch eventuelle Gangungenauigkeiten ausgleichen. Dieser Mechanismus ist äußerst diffizil und gilt als eine der genialsten Erfindungen in der Geschichte der Uhren.

TROTTEUSE
International übliche französische Bezeichnung für den großen Zeiger eines Chronographen.

UHRBAND
Band aus Metall, Kunststoff, Stoff, Kautschuk oder Leder, mit dem die Uhr am Handgelenk befestigt wird.

UHRGLAS
Durchsichtiges Material, das zum Schutz des Zifferblattes in die Lünette eingesetzt wird. Uhrmacher verwenden verschiedene Arten von Glas: Plexiglas (unzerbrechlicher Kunststoff), Normalglas, Mineralglas (gehärtetes widerstandfähiges Glas) sowie das äußerst kratzfeste Saphirglas (aus synthetischem Korund hergestellt).

UHRWERK
Die Summe jener Elemente, die den funktionalen Teil einer Uhr ausmachen (Aufzug, Räderwerk, Hemmung, Regulierorgan und Hilfsorgane).

UNRUH
Das Regulierorgan der Uhr besteht aus einem Schwingreif (glatt oder mit Schrauben) sowie einer variablen Anzahl von Armen (1 bis 4). Mit ihren Schwingungen reguliert die Unruh die Geschwindigkeit der Drehungen des Räderwerks. Abhängig von den verwendeten Metallen und Eigenschaften der Konstruktion gibt es folgende Unterteilung für die bei Armbanduhren eingesetzten Unruhen: bimetallische Unruh, spiralförmige monometallische Unruh, einfache monometallische Unruh.

VOLLKALENDER
Uhr, die Tag, Woche und Monat anzeigt. Allerdings müssen Monate, die nicht 31 Tage zählen, meist händisch korrigiert werden.

VORGEHEN
Anzahl der Sekunden oder Minuten, die eine Uhr gegenüber der tatsächlichen Zeit vorgeht. Wird mit dem Symbol »+« angezeigt.

WASSERDICHT
Dieser Wert wird in Atmosphären oder Meter ausgedrückt und stellt die Fähigkeit des Gehäuses dar, kein Wasser eindringen zu lassen. Allerdings muss eine wasserdichte Uhr regelmäßigen Kontrollen mit speziellen Geräten unterzogen werden, um die Dichtheit des Gehäuses zu überprüfen.

WECKER
Von der Uhr unabhängiger Hilfsmechanismus. Mittels eines Zeigers wird die

Vorrichtung auf den gewünschten Zeitpunkt eingestellt. Wird die gewählte Uhrzeit erreicht, tritt der Wecker in Funktion und der Hammer schlägt auf das Gehäuse oder einen entsprechenden Stempel.

ZÄHLZEIGER
Kleine Teile des Zifferblatts, üblicherweise rund, die weitere Indikationen neben der Zeitanzeige angeben.

ZEIGER
Längliche Elemente unterschiedlicher Form, allgemein in Metall ausgeführt, die eine optische Wiedergabe der analogen Anzeige ermöglichen.

ZEIGERWERK
Dient zum direkten Antrieb der Zeiger und wird vom Gehwerk angetrieben.

ZEITGLEICHUNG
Der Unterschied – positiv oder negativ – zwischen der wahren und der mittleren Sonnenzeit. Dieser Unterschied ergibt sich aus der Exzentrizität des Umlaufs der Erde und der Neigung ihrer Achse gegenüber der Umlaufsebene.

ZEITZONE
Jeder der 24 durch Meridiane begrenzten Abschnitte, in welche die Erdkugel eingeteilt wurde, um sicherzustellen, dass alle Länder über eine einheitliche Zeit verfügen.

ZIFFERBLATT
Teil der Uhr, auf dem sich die Indizes für Stunden, Minuten, Sekunden und andere Anzeigen wie Mondphasen, Kalendarium und Gangreserve befinden.

ZIFFERN
Auf dem Zifferblatt angebrachte Anzeigen.

ZUGFEDER
Elastisches Teil, das aus einem Blatt aus Stahl oder einer Speziallegierung besteht und in Form einer Archimedischen Spirale im Federhaus aufgewickelt ist. Die Zugfeder gibt die während des Aufziehens gespeicherte Energie ab und bewegt so das Räderwerk der Uhr.

Index